鉄から読む日本の歴史

窪田蔵郎

序

ひろくかつ深くわれわれの現代生活をささえている鉄が、日常意識されることは少ない。はやくから中国では「あしきかね」として、農具に用いられ、武器に役だてられてはいたが、銅のごとくに宗廟祭祀の器をつくり、金、銀のように重宝視されたものではない。その鉄は、じつに人類文明のバロメーターである。遠い古代に発見され、永遠の未来に人類の文明をおしすすめていく原動力である。だが、その鉄についての一般の関心はきわめてとぼしい。

本書の著者窪田君は、日本鉄鋼連盟という所をえて、鉄についての生きた知識を身につけることにめぐまれていることはいうにおよばない。そのうえ、鉄の歴史を求めるに広く世界各地の鉄の発見と、その製鉄の技法とをあとづけることにつとめること、すでに久しい。かかる広い視野に立ち、かつ長い研究にとどこおりを知らぬ君が、とくにえらんで、わが国の鉄の歴史を一書にまとめられたことはまことにたのもしい。

本来、歴史書には技術史的な考察を加える必要があるが、そうした観点から歴史を見たものはいままで少なかった。その点で本書はユニークな著作である。

わが国における鉄の歴史は、中国から製品をうけたことにはじまり、弥生式時代前期という、おおよそ二千二、三百年前で、中国その他の国にくらべて短い歴史にすぎなく、また初現の事情も異なる。けれども鉄がわが国の統一国家の形成と切りはなすことのできぬことはもちろんである。半島から資材をうけながらも、すでに先史時代に砂鉄から良質の鉄材をつくり出していることは、秀《ひい》でた鉄錬の技術の発明であり、日本刀という特殊な鍛造刀を完成するという飛躍的な応用さえ行なわれている。

この鉄は他の金属にくらべて腐食しやすく、のこり少ない。著者もはやくそれに着目して、考古学的な立場から、わが国初期鉄製品の解明に努力しているが、こわれて姿がかわり、もとの形を見いだすことさえなみたいていでない。したがって、研究の成果のあがり少ないことをじゅうぶん承知している。

幸い生きた鉄を知った本書の著者をえて、はじめてわが国の鉄の歴史が、考古学的な研究成果をもとり入れて明らかにせられた。これは、きわめて時機をえたものといってよいし、わが文明進化のあとづけでもある。しかも製鉄の技術は日に日に量産とその需要に伴って進み、かつ過去の人々の残した鉄に関する資料目録は累積を可能にする。

本書を第一の階段としてさらにつとめ、第二、第三の鉄の歴史に精彩を加えることに期待をかけて、序にかえる。

三木文雄

目次

鉄から読む日本の歴史

1　鉄器時代のはじまり

人類と鉄の邂逅

旧石器時代、新石器時代、そして青銅器時代から鉄器時代へ。従来、これが文化の進展コースとされている。国により地域によって、相当年代的な差異があるにしても、ほぼこの足どりで文化は発展している。そこで日本に製鉄がどうして起こったかを述べる前に、人類はどのようにして鉄を知り、製鉄技術を習得したか、鉄器文化はどのような形で進んだか、といった点について、ごく簡単にふれることにする。

人類はどうして鉄を知ったか？　この問いに対しては、いまだ確たる答えは与えられていない。しかし偶然に鉄を入手する経路として次の二つが考えられる。すなわち、一つは落下した隕鉄《いんてつ》の入手であり、もう一つは露出した鉱脈の上での焚き火や山火事または溶岩の流れなどによって自然に製錬された鉄の入手である。

まず隕鉄説について述べると、隕鉄というのは隕石の一種で、これらは火星と木星の間に密集している小さな惑星《わくせい》群が、流れ星のようになったものではないかといわれている。学者の調査では、これらの隕石は年間約二千個程度が地上に落下してくるものと推定されている。古代人は空から降ってきた珍しい石として、これを宝石類といっしょに秘蔵していたのだろうが、そのなかの黒い石を加熱して叩くと、延伸性があって、青銅器に劣らない強靭《きょうじん》な刃物ができることを発見した（硫《い》黄《おう》分が多いものはもろいので具合が悪かったであろう）。このようなことから隕鉄の利用を知り、これを加工するようになった。

　この鉄の隕石説について、H・G・ウェルズは『世界文化史大系』の中で「クノッソス人（西暦紀元前二五〇〇年ごろ）にとって鉄は空から降ってくる珍しい金属であって、有用というよりもむしろ奇妙なものであった。当時はまだ隕鉄が知られただけで、鉄を鉱石からとることはできなかった」と述べている。

　また、文化の栄えた国の古代文字をみると、たとえばエジプトでは鉄を「天から降った石」として、アルト・ペトあるいはベニペ（Benipe）と書いているし、ギリシア語でもシデーロス（Sydyros）でラテン語の星（Sidus）や落ちる（Cadere→Cidere）に通じ、さらに隕鉄のシデーラ（Sidera）にも連なる。これらの点からも、一脈の関連があるといえそうである。

　また、落下した現物をみると、地球外の鉄であっても、質的には地球上の鉄と大差ない。隕鉄と人工鉄とでは、隕鉄にニッケル分が若干含まれている点と、塩化物がいくらか含まれているため、銹《さ》びやすい点が違っているくらいのものである。隕鉄特有の組織といわれているウィドマンステッテン構造（隕鉄の断面に現われる雪の結晶のような模様）にしても、磁鉄鉱系砂鉄の顕微鏡組織にもみられており、この連晶状態も特別のものではない。

隕鉄については、世界最大といわれるアメリカのアリゾナ州にあるバリンジャー隕石孔が有名である。これは直径一二八〇メートル、深さ一八〇メートルの孔《あな》があき、多数の隕鉄の破片が散乱している。また南西アフリカで発見されたホバ隕鉄は一個で六〇〜七〇トンもある大きなものである。筆者は中国新疆ウイグル自治区のウルムチ市郊外で、三〇トンのものを見ている。

一方、わが国においても、滋賀県で発見された田上隕鉄（一七四キログラム）、富山県の白萩隕鉄（三四キログラム）などの大きなものがある。とくに白萩隕鉄はその半量をもって鉄剣が鍛造されており（明治年間にタタラ吹きの和鋼と合わせて刀鍛冶《かじ》岡吉国宗が鍛えている）、隕鉄で鉄剣を造ることができないわけではない。このことから西暦前三〇〇〇年ごろのものと推定されているエジプトのジルザーの墓や、イラクのウルで発見された鉄器にはニッケル分が含まれているので、隕鉄製であろうと考えられているのも、いちがいに否定できない。

次に冶金《やきん》説であるが、隕鉄はそうむやみに落下してくるものではないし、また落ちたとしても刀剣を造れるような大きさのものはそう多くあるものではない。そうなると、隕鉄の利用よりも早くに冶金技術を知ったことが想像される。そのきっかけは、山火事や焚き火で偶然に露出の部分が溶融し、それを打ったり、叩いたりしているうちに、徐々に冶金の技術を知ったのではないかという説である。イギリスの冶金学者のウィリアム・ゴーランドもこの説であり、ドイツのオットー・ヨハンゼンも冶金説で、「古代エジプト人は隕鉄を使用していたのではなく、鉄や鋼《はがね》の色を天の色と比較して述べているのであろう」と、その著『鉄の歴史』の中に記している。

中国の鉄器文化

島は大陸を模倣するといわれているから、このころの日本列島の鉄器文化を知るには、簡単にでも周囲の国々の文化水準を知っておかねばならないであろう。そこで、その当時の東洋の鉄器文化をながめてみよう。

隣邦の中国における製鉄史を概観すると、漢代に書かれた『越絶書《えつぜつしょ》』に、太古の軒《けん》轅《えん》、神農《しんのう》、赫胥《かくしょ》の時代には石剣が用いられ、黄帝《こうてい》の時代には玉《ぎょく》、禹《う》の時代には銅が主で、漢代にいたって鉄剣の時代となったと書かれている。考古学的な研究の結果、鉄はすでに春秋《しゅんじゅう》時代（前七七〇〜前四〇三）ごろには使用されはじめており、占卜《せんぼく》に供された亀甲《きっこう》や獣骨の表面に刻まれた文字は、おそらく鋭利な鉄製の刃物で彫られたものであろうと考えられている。

『春秋左氏伝』（前五世紀、略称『左伝』）には晋《しん》国で鉄を集めて刑鼎《けいてい》（かなえ）を鑄《ろ》の昭公二十九年（前五一三）に鋳造したことが記されており（楊寛氏『中国古代冶鉄技術的発明和発展』参照）、『書経禹貢《しょきょううこう》』（前六世紀、孔子の編『書経』の一）によると、禹王国への朝貢品として鉄と鏤《る》（鋼）が梁州より送られている。一方、近年にいたって、中国考古学界の手でそのころの製鉄遺跡に関する調査も進み、多くの事実がちゃくちゃくと立証されつつある。

したがって、鉄器は漢代までなかったのではなく、銅器製造技術と併存した鉄器が、漢代にいたって、それまでの銅・鉄の生産比率を破って量産されるようになり、広く各方面に普及したものと思われる。ただここで考えねばならないのは『左伝』の記事にしても鋳造《ちゅうぞう》（炭素分の高い鉄を溶解して鋳型《いがた》に流しこんだもの）であって、鍛《たん》造《ぞう》（炭素分の低い鉄を鎚《つち》でたたいて形成したもの）でないことである。

鉄鉱石の完全溶融、高熱による炭素分の吸収、銑鉄《せんてつ》の形成という過程を考えると、製鉄技術の発生地点の問題とは別に、中国の製鉄技術は古いというだけでなく、『周《しゅ》礼《らい》』の「考工記《こうこうき》」に記されているような銅器製造技術の応用かもしれない。とにかく、漢が技術的に世界でもっとも進んだ製鉄国であったことは確かである。この漢代のころの鉄が遠くローマに運ばれ、「セレース（支那）の鉄がもっともすぐれ、パルティアのものがこれに次ぐ」（『史林』四〇巻六号。宮崎市定氏「支那の鉄について」参照）といわれたということも、これを裏書きする一例ではなかろうか。この点については、この地を北インドや西域とする説もある。

しかし、発掘品などをみると、鉄器は石、銅、鉄併存の形で改善されながら、普及してきたものであることが知られる。戦国時代（前四〇三～前二二一）に入ると戦乱が各地で勃発《ぼっぱつ》したため、刀剣類の大量需要を喚起し、鋳造鉄剣、鍛造鉄剣が旧来の青銅剣と干戈《かんか》を交えることとなった。中国の大陸的風土の影響もあって、かならずしも鉄剣がすぐれていたわけではなかったので、武器としての伸びはたいしてみられなかったようである。しかし、その結果、鉄器の大量生産を確立し、年代を追って、逐次、日用の農具、工具の分野にいちじるしい普及を示した。

戦国時代に終止符を打った秦《しん》の統一（前二二一）やその後の漢《かん》の確立を、鍛造鉄剣の力に負うところが大であったとする見方は、いちおうもっともであるが、むしろそれよりも鉄産業による秦、漢の農業を中心とした経済力の隆盛のほうが、影響としては大きかったものと思われる。

漢代・鉄の隆盛

この秦が建国十五年にして滅び、ついで前漢時代（前二〇二）に入ったが、このころになると鉄は塩とともに経済的に国力を左右する重要な商品となり、一時は数千の鉄山が操業したと伝えられている。

『山海経《せんがいきょう》』（著者、年代不詳。動植物怪談を記す）によると三千六百九十の鉄山が操業していたと記載があり、『管子《かんし》』「地数編」（春秋時代、管仲の著）でも三千六百九となっている。だが、前漢時代に鉄官の置かれた場所は四十九ヵ所であったから、数千という表現はすこしオーバーであろう。それにしても、陝西《せんせい》、山西、河南、湖北などに相当多数の鉄山が分布していたことが知られるのである。それにともなって『史記《しき》』（黄帝から武帝にいたる三千余年の歴史を述べたもの。前漢、司馬遷著）「貨殖《かしょく》伝」によれば、いわゆる「山沢《さんたく》の利を壟断《ろうだん》する」地方私人の長者、郭縦《かくしょう》のようなものが現われ、その巨富は王者に匹敵したといわれている。

このようにして、漢代は鉄器文化を享受する時代になったが、その経営面では『塩《えん》

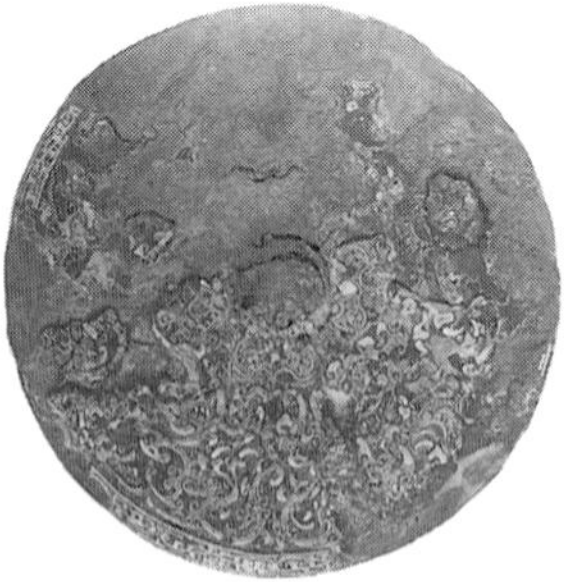

漢金銀錯嵌珠竜紋鉄鏡
（大分県日田市出土）

鉄論《てつろん》』（漢代、桓寛《かんかん》撰の経済書）によれば、鉄は専売制となり、民衆の猛反対もむなしく自由に鉄《てつ》冶《や》を行なう権利を失い、主要な鉄の産地には政府の鉄官が置かれた。そして鉄山経営は君主の所有する鉱山を民間に貸与する形で運営させられ、その利益はかたっぱしから収奪された。『管子』「軽重乙編」によれば十分の三を租税として徴発されていたようで、それは漢の戦乱による窮乏財政をまかなう絶好な財源となっていた。一例をあげると、西暦二五年であるが、四川《しせん》の南部を平定した反帝（公孫述）は銅銭を鋳造する資力がなくなり、鉄銭（鉄五銖銭）の鋳造を始めている。

そんな激しい徴収から鉄山の操業は当然、盛衰常ならぬ状態を続けていた。そのうえ、四世紀の前後に全盛になった風水説（原始的な自然観にもとづく陰陽の占術）が鉱業関係に強い影響を与え、東漢の順帝のごときはそのために操業の禁止令を出したりもした。干将莫耶《かんしょうばくや》の伝説などが有名である。

しかしその反面、このころになって鉄冶金の技術が進み、送風法なども改善されして、鉄、鋼の造りわけが完全にできるようになったものと思われる。また、燃料としては薪のように「燃える石」が新疆や山西省、江西省などにおいて知られており、すでに冶金用に使用されていたらしい。漢代の鉄鋳物に硫黄《いおう》分の多いのは、石炭を使用していたからであるとみる説もある。

おもしろいのは漢代の『夏侯陽算経《かこうようさんけい》』という書物に残る、鉄製錬の歩留《ぶどま》りに関する記載である。これには生鉄六千二百八十一斤を黄鉄に精錬する場合、一斤について五両の減少があると、いくらの黄鉄を得られるかという問いに対して、四千三百十八斤三両の答えがある。さらに、その黄鉄を鋼鉄に精錬する場合、一斤に対して三両の減少があると鋼鉄の生産量はどれだけになるかとの問いには、三千五百八斤八両十銖五累の答えが与えられている（藪内清氏『中国古代の科学』参照）。つまり、生鉄から黄鉄への歩留りは六八パーセント、黄鉄から鋼鉄へのそれは八一パーセントである。この製法が現代のどのような技術に該当するのかは判明しないが、もはや鋳造のみでなく、半成品のような形で量産的な鍛造過程に進んでいたことがわかる。

中国へどういう過程を経て鉄器時代がもたらされたかも、いまだはっきりしない。鉄の古字である「銕」の意味から推測すると東夷《とうい》のもたらした金属という意味になる。この東夷についてては、文字にこだわる必要はない。『史記』には「楚国の鉄剣は鋭く、きわめて優れている」といった記載もあり、いずれにしても外夷（ダッタン人だけでなく、おそらく華南方面から北上した民族も含む）がもたらしたものではなかろうか。

ただ、中国の場合、技術的に鍛造より鋳造に重きがおかれていることは、華北の大陸的厳寒という気候的条件と、青銅器文化の高度の発達という二つの条件があいまった結果によるものと思われる。

ダッタンとタタラ

満蒙およびシベリアの鉄器文化もきわめて古いものがあり、製鉄技術の源流地とされる中央アジアを追われたトルコ系民族の突厥《とっけつ》、つまりダッタン人が、放浪のままに鉄冶をひろめていったものであるといわれている。そのような点から、ダッタンの語源、搭搭児《タタール》が転化してわが国の製鉄炉のタタラ（高殿）になったともいわれているほどで、馬に蹄鉄《ていてつ》を装置することも彼らの発明といわれている。

彼らの西進は確実で、現在でもロシア人は、蒙古やシベリアのトルコ人をタタール人とよんでおり、タタールスクやタタールスタン共和国の地名もある。スキタイ文化の片鱗《へんりん》をわが国にもたらしたのも、直接間接に彼らの働きである。

　考古学的にも戦前からそうとう調査され、出土品では熱河丘陵の灤平《らんぺい》、旅順牧羊《ぼくよう》城《じょう》、貔子窩《ひしか》高麗寨《こうらいさい》、普蘭店大嶺屯城跡《ふらんてんたいれいとんじょうせき》などより鉄斧《てっぷ》、鏃《やじり》、刀子《とうす》などの出土をみており、中国の戦国時代の通貨とともに出土しているものもあることより、紀元前のかなりの時期に遡りうるものとされている。

　朝鮮の鉄器文化については、日本への大陸の鉄器文化の経由地的役割をはたした点で無視できないものがある。『古事記』『日本書紀』『魏志』（西晋、陳寿撰の史書）にも、表現こそ変われ、鉄の獲得を追って、彼我《ひが》のあいだに交通のあったことを記している。朝鮮自体は周末（戦国時代）には中国文化の恩恵に浴しはじめ、前漢時代にはそうとう交通が活発化しているので鉄器文化が朝鮮に伝播したのは、たぶんこのころではなかろうか。

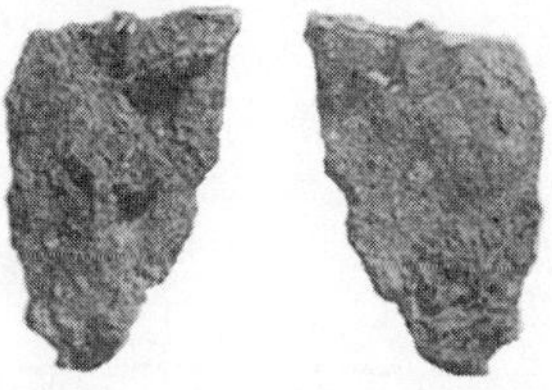

弥生式時代前期の鉄斧（表と裏。刃幅5.8cm。熊本県斉藤山貝塚出土）

　鉄器文化は、衛氏朝鮮（前二〇〇年ごろ）と推定される平安北道渭原竜淵洞《いげんりゅうえんどう》慶州《けいしゅう》入室里《にゅうしつり》から、明刀銭《みんとうせん》とともに多くの鉄製の武具・農具類が発見されており、燕、斉の移住民によって農耕文化とともに持ちこまれたものが、このころから徐々に本格化したものと思われる。

　わが国の古代文化に大きな役割を与えた楽浪《らくろう》文化の楽浪

郡は、元封三年（前一〇八）に漢の武帝によって玄菟、真番、臨屯の三郡とともに設置され、その後、行政的に移り変わりはあったにせよ、とにかく高句麗に滅ぼされるまでの四百二十年の間、漢のいわば植民地となっていた。このころの漢は、前述したように鉄器文化の全盛期であり、その影響を強く受けた楽浪郡でも、平安南道大同郡《だいどうぐん》竜岳面上里《りゅうがくめんじょうり》の遺跡の武具類や、慶尚南道金海会峴里《きんかいかいけんり》貝塚《かいづか》の鉄斧など、武器がいちじるしく多く出土している。そしてそれらは鍛造品が絶対的に多くなっている。

『漢書』「食貨志」（米穀、貨財の歴史、価格等を記した書）に書かれている「真番之利」とは朝鮮の鉄資源をさすものだともいわれており、そうとう鉄山が開発されていたことが考えられる。古代のわが国鉄器文化に偉大な影を投げかけながら、事実不明のままに神話的な形で伝えられている瓠公《かくこう》、蘇那曷叱智《そなかしち》、天日槍《あめのひぼこ》、すこし遅れては天《あま》津《つ》真《ま》浦《うら》、卓素《たくそ》などの渡来は、この当時の朝鮮の鉄器文化の水準と、それらの技術をもった工人の来朝を物語るものであろう。

2　大陸からきた鉄器文化

弥生時代の鉄器

西暦紀元前三〇〇年ごろに始まった弥生式文化は、低湿地帯を中心に稲作を行なった農耕文化であり、青銅と鉄を使用した金属文化である。そして土器は、堅牢な美しい弥生式土器ができるようになり、素朴な紡織方法も知られていたようである。

これは前述したように、わが国をとりまく国々がそうとうに発達した文化水準にあり、その文化が断片的に輸入されたために特殊な形となったものである。弥生時代の前・中期は非常にアンバランスな文化形態を示し、実質的には石器が中心であった。

しかし一方では、すでに青銅器は実用から遠ざかりはじめていて、むしろ宝器的な存在となり、これにかわって実用の具として鉄器の重要性が高く評価されはじめていた。そして、農耕経済であるがゆえに意識されはじめた土地への定着と、文化の大幅な進展はここに生活共同体を生じ、各所にそうとう大きな聚落《しゅうらく》をつくりはじめ、やがてそれが発展して小集落国家へと成長していった。

このように、弥生期に鉄器文化は大陸から導入されたが、当初における鉄器の役割は武器、農工具であった。それは前期から中期、さらに後期へと、もちろん所有者はごく一部の勢力者に限られていたであろうが、年代が進むにつれて、急速に普及していったものと想像される。考古学の研究成果から当時の鉄器をみると、鉄の性質から、まず第一に武具に使用されている。もっとも古くから鉄器文化がはいったと推定される北九州地域についてみると、次のように多くの甕棺《かめかん》出土の刀剣類がある。

一　福岡県前原市大字三雲・大字井原　刀剣類
二　福岡県春日市須玖岡本　鉄戈
三　福岡県飯塚市立岩　鉄剣・鉄刀子・鉄戈
四　福岡県朝倉郡夜須町峯　鉄戈
五　福岡県甘木市栗山　鉄戈
六　佐賀県鳥栖市柚比　鉄剣
七　佐賀県神埼郡東脊振村三津永田　鉄鐶刀
八　佐賀県唐津市桜馬場　鉄刀

これらの出土鉄器を中心に、他の農工具なども加えて考察すると、原形不明のものは別としてもっとも古いものに、弥生式文化期前期の斉藤山貝塚の鉄斧（二一ページの写真参照）などがある。中期では、大分県下城貝塚から発見された鉄器がある。これは比較的炭素含有量が高いため（一・八六パーセント）、鋳造鉄器の破片とみられている。

中期になると出土鉄器の量も多くなり、また、この年代ごろまでは鋳造製品と推定されるものの比重が高く、年代が下るにしたがってしだいに鍛造品におきかわり、形状も徐々に大型化していく。たとえば、弥生式文化期の中期に属する須玖遺跡出土の鉄剣と後期の長崎県カヤノキ遺跡出土の鉄剣とは、いずれも長さ三〇センチメートル程度のものである。ところが後期にあたる三津永田の鉄鐶刀は造りからみて舶載品であろうが、全長五〇センチメートルあまりと、やや大きくなっている。

支配的だった鍛造加工

ついで、生産用具としての鉄製工具類であるが、弥生式文化期の出土鉄器をみると、全般を通じてそうとう多くの種類の工具がつくられ、使用されていたようである。しかし、形状が小さなものが多いうえに、酸化鉄状に腐食してしまって、原形をとどめない破片が多い。わが国のような温帯地域で、しかも多湿の環境では鉄は非常に銹びやすく、肝腎の弥生遺跡から副葬品以外は原形を保って鉄器が出土することはきわめてまれなのである。

しかし、それでもなお、鉄製工具類は案外、普及していたことが想像できる。それは、低湿地帯の住居跡などで水分が多いことが鉄とちがって逆にさいわいして、当時の木器が完全な形で多数発掘され、その木材の材質、加工状態などから、技術的にどうしても鉄器の存在を無視しては考えられないという結論を導きだすからである。たとえば、奈良県の唐古《からこ》遺跡（鹿角柄刀子の残欠発見）、大阪府の瓜破《うりわり》遺跡、静岡県の登呂《とろ》遺跡、大分県の安国寺遺跡などはみなそのようにいうことができ、弥生期最古の福岡県の板付遺跡さえも同様に考えられる。

出土品としては縄文期のなごりを残す前期の石庖丁《いしぼうちょう》形鉄器、鉄斧などをはじめ、年代を追って多種多様になってくるが、弥生期の半ばまでは、鍛造よりむしろ鋳造とみられるものが多く、漢鏡などとともに舶載されたものではないかと推定されている。

それが中期以降ともなると鋳造品は乏しくなり、鍛造品が増加してくる。壱岐《いき》島の原《はる》の辻《つじ》、唐神《からかみ》遺跡から発掘されたような、用途に応じた各種の生産用具となるのである。この遺跡は弥生中期と後期にわたるものであるが、鍬《くわ》、鋤《すき》先、鎌《かま》などの農耕具、ちょうな、やりがんな、刀子《とうす》などの木工具、鏃《やじり》、銛《もり》、釣り針などの狩猟漁撈《ぎょろう》具、小型の鉄鋌《てってい》類似品（これは木工具か鋤先ではないかと考えている人もある）など多種で、ほとんどのものが鍛造品である。

中期と後期の違いは、鉄製品の形状にはたいして変化がないが、中期の遺跡は鉄器と石器が混在しているのに対して、後期の遺跡には石器が少なくなっている点である。なお、伴出物として遺跡の上層部（後期分）から前漢末の王莽《おうもう》（前四五～後二三）の貨泉《かせん》が出ており、また漢式の土器も出ている。

これは大陸との交通を示すもので、『魏志』「東夷伝・弁辰」の一部には「国、鉄を出す、韓《かん》、濊《わい》、倭《わ》みなしたがってこれを取る、諸市買うにみな鉄を用い、中国の銭を用うるが如し、またもって二郡に供給す」とある。このように、鉄器文化流入の過程で弁辰製の鉄が楽浪や帯方の二郡に供給され、それをわが国をはじめ周囲の地域の人々が購入していたのである。

この原の辻、唐神両遺跡で発見された鉄鋌類似品は著者は現物を見ていないので断定できないが、鉄鋌だとすれば、あるいはこのような取り引きの対象となった鉄ではなかろうか。『後漢書』の「東夷伝・辰韓」のところでもほぼ同文のことが記載されているので、この売買のことはまちがいないと思われるが、そうであるとすると、弥生期のある時期までは、製錬は大陸で行ない、造形加工だけをわが国でしていた過渡的な時代があったことになる。これは宝物的な半成品で、通貨ではない。

弥生時代も中期末の頃、中国では後漢の末期にあたり、桓帝・霊帝の時代(一四六〜一八九)で『後漢書』の「東夷伝倭人」の項には、「倭国大いに乱れ、更々《こもごも》相攻伐し」と表現されている。北九州をはじめ各地で小国の興亡が相次ぎ、武器の充足が強く要請されたころであった。しかしまだ鉄剣といえるほど、大型の刀剣はなかったようである。おそらく陣営に鉄戈が一本あればよいくらいで、上級武人以外は棍棒、竹槍、竹鏃程度が主流の武器だったであろう。

ただ、ここで考えさせられることは、中国の鉄冶が漢代のように鍛造の盛んになった時代もあるが、一貫して鋳造を中心にしているのに対して、わが国の鉄器が弥生期前半の若干例のみが鋳造で、その後は鋳造品が非常に少なくなり、あとは鍛造のものばかりになっていることである。おそらくその原因は、初期の鉄製品が輸入品であったことと、わが国に加工技術の流入したのが伝播経路は別として、中国としては鍛造が盛んになった漢代に入った頃であったからではないかと思われる。

日本の神話のなかには、製鉄についての事跡が、しばしば伝えられている。『古事記』によれば、天照大御神《あまてらすおおみかみ》が天岩屋戸《あまのいわやど》にこもられたとき、思金神《おもいかねのかみ》の発案で、「天金山《あまのかなやま》の鉄を取りて、鍛人天津麻羅《あまつまら》を求めきて、伊斯許理度売命《いしこりどめのみこと》に科《おお》せて、鏡を作らしめ」ており、同じようなことが『日本書紀』ではもう少しくわしく「石凝姥《いしこりどめ》をもって冶工となし、天香山《あめのかぐやま》の金を採りて、日矛《ひぼこ》を作らしめ、また真名鹿の皮を全剝《うつはぎ》にはぎて、天羽鞴《あまのはぶき》に作る。これを用いて造り奉れる神は、是即ち紀伊国に坐《ま》す日前神《ひのくまのかみ》なり」とあって、技術的にかなり具体的になっている。

この天羽鞴の記載からすると、弥生期の製鉄はすでに吹子《ふいご》を使用するほどに進歩し、もちろん粗末な溶解炉も築かれていたものと想像できる。しかし記紀（『古事記』と『日本書紀』）の二書にしても西暦七〇〇年代になって書かれたものであり、伝承を筆記したものであるから創作的な筆も加わっている。とくにこのような目新しい技術で、しかもおそらく著者が直接見たこともない鉄山の技術などは、また聞きをそのまま書いているのであろうから、古くてもこの製鉄法は古墳初期ごろのことであろう。もし、この記載をそのまま現実のものとして解釈すると、神武紀元がすでに西暦を六百数十年遡ることとなり、さらにそのうえに神代を一代五十年としても、三百～四百年ほど加えなければならぬ割りになり、合計すると西暦を千年ほど遡った太古に、この『古事記』や『日本書紀』が記載しているような製鉄が行なわれていたことになる。この時代は大陸でもまだ製鉄は行なわれておらず、楽浪文化も呉国もなかった時代であるから、まったくお話にならないことである。

それはさておき、この当時の製鉄法を技術的に考えると、弥生期より古墳期ごろまでの製鉄は、山あいの沢のような場所で自然通風に依存して天候のよい日を選び、砂鉄を集積したうえで何日も薪《まき》を燃やしつづけ、ごく粗雑な鉧塊《けらかい》（還元鉄）を造っていた。そしてこれをふたたび火中に入れて赤め、打ったり、叩いたりして、小さな鉄製品を造るというきわめて原始的な方法であったのであろう。

おもしろいことは、前述の『日本書紀』が天羽鞴《あまのはぶき》として鹿の一枚皮で吹子《ふいご》をつくり使用したことを、あたかも見ていたかのように述べている点である。砂鉄を還元（鉄鉱石から酸素を除くこと）するために火力を少しでも強くしようとして、火吹き竹のような素朴な道具を工夫することは、世界各国の原始製鉄民族において共通なことである。この一枚皮を利用した吹子が事実存在したとしたら、製鉄技術史上非常におもしろいことである（筆者は烏魯木斉《ウルムチ》市の博物館で近代のものを見ている）。

この天羽鞴については、江戸時代の鉄山師下原重仲の著した『鉄山秘書』の巻五で、見たことはないと前置きしているが、皮で造った扁平な鞠《まり》のようなものを想像しており、鎌倉時代の『釈日本紀《しゃくにほんぎ》』はなにを勘ちがいしてか、大きな団扇《うちわ》でバタバタやったことを想像している。

特権階級だけの鉄器文化

鞴《ふいご》は古来から素籥《ふいごう》、吹籠、吹革、吹子などとも書かれ、構造の改良変化にともなって、そのつど文字の変遷があったかのように感じられる。古代遊牧民族やダッタン人などは、吹子ではないが動物の皮を丸はぎにして飲料水を詰める袋を、砂漠地帯の旅行に用いている。この空《から》の皮袋を押すと水の出し入れ口から勢いよく風が出てくるのにヒントを得て、原始的な吹子を造ったものが天羽鞴の発生かとも考えられる。

このようなことから鞴、ここでいう天羽鞴のようなものが使用されたとするなら、それは大陸との文化交流がさかんに行なわれた西暦三〇〇年から五〇〇年ぐらいにかけて成形加工に使用されたものであろう。そして朝鮮より渡来した皮細工の工人などによってもたらされた、北方系の送風技術ではなかったかと思われる。

このような機構の鞴がわが国で採用されたかどうかという点については、具体的な鉄冶の文書にこそ残っていないが、『日本書紀』に記載されていることは、なんらかの形でその例があったことを意味するものであろう。時代は江戸期になるが、間宮倫《まみやとも》宗《むね》（林蔵《りんぞう》）の著した『北蝦夷《きたえぞ》図説』巻三には、アイヌ人の鍛冶が袋鞴を使用している図が書かれている。その説明文によれば、袋の皮に魚または水豹《あざらし》のものを用いていたと書いてある。したがって弥生や古墳期の発掘品あるいは古文書に例がないからといって、一枚皮の袋吹子がなかったともいいきれない（西域の突厥《とっけつ》・回鶻《かいこつ》あたりでこうしたものを近世まで使用していた）。

このような原始的な冶金技術で造られた鉄製品の品質がどの程度のものであったかについては、のちに奈良期あたりのところで比較して述べることにする。ただ、ここで注意したいことは、この時代の鉄器文化はごく一部の王侯貴族など特権階級のみのもので、一般民衆はまだ石器文化・木器文化の段階にとどまっていたということである。そして鉄器文化は国家機構が整備されるにしたがって充実し、大陸から朝鮮半島を経由して移植されたのであるが、その反面、石器や土器のような、物質文化としての浸透の柔軟性はまったくなくなり、政治的、地域的な制約をもったものとなっており、同一地域内でも鉄器を有するものと有さないものとで、文化水準に大きな差異を生じ、つねに治者階級の威容を示すものとなっていた。

3　ヤマタノオロチと製鉄民族

神話と鉄器文化

製鉄史を論ずる場合には、必ずといってよいほど八俣遠呂智《やまたのおろち》の神話を引用して、出雲《いずも》の古代製鉄が説明されている。たしかに出雲の製鉄は古いには違いないが、記紀を引用し『出雲風土記《ふどき》』を証拠として、神話をそのまま現実のこととし、出雲こそ日本製鉄技術発祥の地なりと断定していいものだろうか。須佐之男命《すさのおのみこと》が出雲の砂鉄鉱区の争奪に一枚加わっているような解釈が、はたして技術史的に妥当なものであろうか。

太古における出雲は、おそらく大和に対抗するだけの一大国家で生産力もきわめてすぐれていたのであろう。出雲系の神々が国津神《くにつかみ》として大部分生産を司《つかさど》る神とされていることから想像はつくが、文献的にはその裏づけとなるようなことは何一つ残されていない。

そして、のちに奈良期になってまでも、出雲の国の国造《くにのみやつこ》だけが就任にあたって、いちいち朝廷に服従の誓詞ともいうべき賀詞を奉るしきたりになっていた。『延喜式』

の出雲国造神賀詞《かむよごと》に「天皇命《すめらみこと》の手長の大御世を、堅磐に、常磐に祝い奉り、……御禱の神宝献《たてまつ》らんと奏す」とある。これは大和朝に併合されたときの故事が後世にいたって儀礼化されたものであるが、それだけの経済力の蓄積に鉄が一役買っていたにしても、すでにその時代は古墳文化も中期か末期に近いころであって、けっして悠遠な太古のことではなかったはずである。

前項でもふれたが、製鉄技術は一部の人々が言うほど早くからあったものではなく、とくにこの出雲にかぎってみた場合は、この地の真砂《まさ》砂鉄では、ある程度、技術が進んでいないと、原始的な野タタラで本格的な製錬はできるはずがないのである。

そこで、本題にもどって、周知の八俣遠呂智の話を記紀から長々と引用するのは省略するが、これらの文献のどこをどう読んでも製鉄とはなんの結びつきもないにもかかわらず、製鉄業とこの神話が切っても切れない関係になってしまっている点について、若干私見を述べてみよう。

朝鮮半島から渡来したオロチョンとか高志族とかいわれる製鉄民族に、砂鉄の鉱区を奪われそうになった製鉄人手名椎《てなづち》、足名椎《あしなづち》の老夫婦が、須佐之男命に依頼してこの侵略者を倒した。そして鉱区を確保するとともに、須佐之男命はオロチがもっていた権威の象徴の大刀《たち》を獲得して、これに天叢雲剣《あめのむらくものつるぎ》という名をつけ、皇祖に献上した。

このように解釈をすれば、古典の直訳に、出雲製鉄を結びつけた郷土史的、あるいはローカルな解釈としてもっともではあるが、事実として正しいかどうかということになると疑問である。

昔から、この神話の根本にさかのぼって、八俣遠呂智は蛇か人かという問題があった。この点について、従来、神話の伝承は継承にあたって、これを疑ってはならないものとして、事実であるという前提の下に伝えられてきたのだから、かつては蛇だとする説が強かった。

古くは室町時代の進歩的な学者である一条兼良《いちじょうかねら》にしても、抽象的に「無明」の現われなどと表現しており、国学の大家本居宣長《もとおりのりなが》は「大蛇」とし、『雲州樋河上天淵記』も「大蛇」、江戸時代の神道家白井宗因も「大蛇」、国学者橘守部《たちばなのもりべ》も「大蛇」であって、新井白石がわずかに『古史通』で「人」と解釈をしているにすぎない。

明治になると、オロチを蛇ではなく、粗暴な人間の行為を神話形式で表現するために、蛇に仮託したものと考えるようになった。そして須佐之男命と対立させるために、皇威に服さなかった熊襲《くまそ》や土蜘蛛《つちぐも》のような異人種、あるいは帰化人などとする説が発表された。

しかし、これでは神話の解釈になっていない。どうしてこのような神話が形成されたか、どのような形のものから出発して、それがどのような面で複合化し、今日伝わるようなものとなったか、そして、製鉄に結びついている点があるとすればどのような点がそうなのか、といったことを掘り下げていかねばならない。そこでオロチ伝説について古文献や伝承を拾い集めて、その足どりをたどってみよう。

『看聞日記』(鎌倉~室町時代、応永二十三年~文安五年までの後崇光院《ごすこういん》の日記)によれば、「永享九年(一四三七)に、死蛇の白骨を掘り出した話を真偽のほどは別として聞いたが、それによると長さが十六町(約一七五〇メートル)あるというが、これは十六丈(約三〇メートル)の間違いではなかろうか」とあって、大蛇そのものの生存を否定はしていない。

さらに転じて、『神代巻藻塩草《もしおぐさ》』(元文四年〔一七三九〕、玉木正英著)にいたっては、ご丁寧にも雲州(島根県)仁多郡佐田村と大原郡中久村の境が大蛇の切られたところだと記している。

このような大蛇とする前提から話は大蛇と鉄剣の関係に導かれ、平田篤胤《ひらたあつたね》の『古史伝』では、「すべて鉄は、人も知るごとく蛇の身に毒となること類《たぐい》なきものなるが、また蛇の鉄に害あることも類なく、彼を切りたる刀は荒なまりて、ふたたびもちうるに耐えず、その趣を思うに、鉄の性はことごとく蛇の体に混入するゆえに、彼わが身をそこない、刀はその性を失いて腐れなまるとみえたり」とある。そこで天叢雲《あめのむらくもの》剣《つるぎ》や天十握剣《あまのとつかのつるぎ》は、このような蛇の害に侵されることのないすぐれた鉄製の宝剣という考え方もなりたつ。

さらにそのような考え方の起こる源をたずねれば、非常に抽象化されているが『古事記』には伊邪那岐命《いざなぎのみこと》が迦具土神《かぐつちのかみ》の首を切ったときに、その剣についた血潮が大蛇になったと記している。また『晋書』(中国晋代、房玄齢などが編選、百三十巻)には雷煥の子の華が剣を帯びて旅をし、延平津という地を過ぎるときに剣が腰から離れて水中におどりこみ、たちまちにして竜となったという話が書かれている。

また鉄冶に関する記録からでは、『金屋子《かなやこ》縁起抄』(江戸時代、石田春律《はるのり》著)の四にも「鉄ヲバク食シ蛟竜ハ鉄ヲ畏レ」とある。

このようにみてくると、刀で蛇が切れないわけのものではないから、わが国には古代から刀剣の霊力(さらに古くは鉄の有する霊力)を竜蛇信仰と結びつけて神聖視する風習があったことが想像される。このような基礎のうえに『大唐西域記』(唐、玄奘法師の旅行記、十二巻)の巻三にあるような竜剣の威力とその授受についての話などが加わり、『今昔物語』（平安末期、源隆国作?、説話集）の釈種成竜王聟語《しゃくしゅりゅうおうのむことなること》のような小説となる一方、輝かしい建国を飾るエピソードの素材となり、大和朝廷の強い政策的配慮も加わって、『捜神記』にある越王妃李誕《りたん》の娘寄《き》の伝説などから、八俣遠呂智譚が新しい伝説として日本流に構成されていったものではなかろうか。

　したがって刀剣と竜蛇は、いろいろな関係で後世まで結びつき、古墳より出土した刀剣の握りや刀身の部分などに、竜の鋳金飾りや彫刻をほどこしたものが非常に多い。そのうえ須佐之男命の剣が蛇之麁正《おろちのあらまさ》という名であったのをはじめとして、後世の名刀と伝えられているものにも竜蛇と因縁の浅くないものが少なくない。

　たとえば俵藤太《たわらのとうた》秀郷《ひでさと》の剣（この物語は前述の『大唐西域記』の亜流と思われる）、平忠盛の抜丸、曾我五郎の毒蛇などが、いずれも竜や蛇を切ったり追い払ったりしている伝説をもっている。

　このような考え方は、弥生期に入って農耕を中心とした生活をするようになった日本人の、農耕神事である地の精霊崇拝としての蛇信仰が、さらに偶像化され抽象化して竜神信仰となり、それが地方によっていろいろと変形して伝わったものであろう。中国筋の地荒神信仰などは、あきらかにこの信仰が大陸から渡来した五行《ごぎょう》説と習合したものである。『法華《ほっけ》験記《げんき》』（一〇四一年、鎮源撰）の第百二十九にある紀伊国牟婁《むろ》郡悪女なども、このような信仰に仏教的潤色が加えられたものと想像することができ、さらに中世以降にいたりさらに話は飛躍して、やがて芸能化されて組みかえられ、歌舞伎にみられるような「道成寺《どうじょうじ》」ともなったのであろう。

以上のように、日本古来の宗教的感覚が、海外から流伝した神話を基盤として、八俣遠呂智物語を構成したのではなかろうか。

アメノムラクモノツルギは鉄剣か銅剣か

八俣遠呂智物語を製鉄物語として考えた場合、オロチの尾から出た宝剣は、当然、鉄剣でなければならないことになる。極端に神話を引用するなら、ダッタン人の南下も、有名な呉の真刀《まさび》も、楽浪の文化もない時代に、そして大陸でも鉄冶が始まっていたかどうか疑問である紀元前十～前十五世紀にもさかのぼる時代に、日本の出雲では製鉄が行なわれていたということになってしまう。

それでは時代を下げて考えたらどうであろう。『神器考証』（一八九八年、栗田寛著）には、天叢雲剣《あめのむらくものつるぎ》を江戸時代、元禄年間に熱田神宮の松岡正直という神官が見たという吉田家蔵の『玉籤集《ぎょくせんしゅう》』（玉木正英著、山崎闇斎の説）という記録の裏書きが引き写されている。その記載によれば天叢雲剣は「長さ二尺七、八寸（約八四センチ)、刃先は菖蒲葉形《しょうぶばがた》にして、中ほどにむかって厚くなっており、その元のほうは六寸(約一八センチ)ばかりが節立っていて、魚の背骨のような形をしていた」とある。これは確証とはいいきれないが、この剣は、形状の点から見て、あきらかに青銅剣である。

この記述から思いつくことは、一般論であるが、製鉄集団の首長が、切れ味で鉄より劣る銅の剣を宝器として持っていたということがありうるかということで、この点からも鉄と神話を結びつけることは無理なようである。

なお、横道にそれるが、このときの関係者は大宮司が流罪となり、他の人はみな病死してしまって、一人生き残ったのが、この松岡正直とのことである。

では、八俣遠呂智の神話と製鉄が結びつくとしたらどういう点であろうか。その点について少し考証してみよう。

鉄冶に従事した人々は、はじめはおそらく兼業者であり、年を経るにしたがって専業者となって、山住みの金属製錬集団として農民層とまったく違った生活をするようになった。

山の中に集団をつくって住んだ金屋《かなや》は、近世の『鉄山秘書』や『金屋子縁起抄』などにもその一部が書かれているように、粗衣粗食にあまんじ、女を入れず、バクチなどにふける、殺伐とした荒くれ男の集団生活であった。とくに下級労働者の番子《ばんこ》とよばれる送風労働者などは、ゲザイとかツルシザケとか、ろくなことはいわれていないい存在であった。このような集団生活であるから、その性生活も、これを宿命として性器崇拝に走るか、あるいは日ごろ嫌われている里へと出て、夜這《よば》いをしたり略奪婚をするしかなかったであろう。

このように長年のあいだに風俗習慣が違ってきて、農民層から嫌がられ、のけものあつかいされるようになり、またみずからも世を狭くして、金屋という特殊な集団をつくり、社会的にしだいに離れていった（このような溝《みぞ》は、社会問題として、一部では近世までおよぶのである）。

ところで、こうした集団の中では、鉄山の首長は経済的にある程度の力をもち、小集落国家の首領のような形になっていたであろう。したがって、立場上、夜這いや略奪婚はしなかったであろうが、そのかわりに周囲の住民に対して公然と娘の要求ぐらいはしたのではなかろうか。中央政府ですら律令《りつりよう》の形（賦役令第百三）で全国から采《うね》女《め》と称して美しい娘を強制的に差し出させているのである。治安の十分でない山中でなら、勢力者にとってこれは当然のことであったであろう。そして、こうしたことが八俣遠呂智伝説のオリジナルとなったのではなかろうか。

オロチ伝説と金屋集団

オロチの要求した娘と采女とを同一に考えるのはおかしいという人があるかもしれない。しかし、采女にしたところで、官制でこそ宮廷の下級女官となっているが、その実態は王侯貴族などの玩弄物《がんろうぶつ》にすぎなかったのであるから、オロチが「食った」という形で表現されている娘と采女とは五十歩百歩である。

こういった鉄山にまつわる話が、農民の側から恐怖をもって語られ、それが年代を経過するうちに鉄山とは関係ない神話としてまとまり、原形を知らないままに鉄山に逆もどりし、金屋集団が放浪しているうちに、各地に伝承として残していったのではなかろうか。

現在伝えられているような、神話のオロチ伝説にいたるまでには、もっと素朴ないくつかの話がある。

たとえば、岡山県に伝わる次のような昔話がある。「大昔、この村に長者があって、美しい娘が一人あったのを、小原の古池に住んでいた大蛇が取った。一人娘を取られた長者はたいへん憤って、とりかえしに行ったがどうにも手出しができなかった。そこで諸方から多くの金を吹く者を呼び集め、山に登り、池のまわりで金を湯にわかさせ、これを一時に池の中につぎこませた。池水はいっぺんに熱湯となり、さしもの大蛇も退治された」というのである。これなどはオロチ伝説の原初の形をよく物語っている。

そのほか、これに類するような伝説は全国に分布している。坂上田村麻呂《さかのうえのたむらまろ》が西暦八〇〇年代初めに退治したと伝えられている東北の巌手《いわて》山の悪路王《おろおう》伝説、山梨県の金《きん》峯山《ぷさん》において千四百年前に役行者《えんのぎょうじゃ》がオロチを退治したという言い伝えもある。さらに、石川県羽咋《はくい》市の気多《けた》神社では邑知潟《むなちがた》の大蛇を大己貴命《おおなむちのみこと》が退治したとしており、まだそのほかにも吉野の三宝院や尾張の伊吹山など、各地に大蛇物語の変形が伝わっている。

このように考えてくると、八俣遠呂智の物語は、日本の各地にあったかくれ里伝説に竜神信仰のからんだものが母胎となり、それに後世にいたって鉄器文化の発生譚を結びつけて考えられるようになったものといえるのではなかろうか。そしてこのような話を全国各地に広めたものが、ほかならぬ砂鉄や燃料用の薪を求めて放浪した金屋集団、タタラ師や鍛冶屋、鋳物師《いもじ》などの一行だったのである。

4　大和朝廷をささえた鉄器

古墳文化と鉄器

農耕経済を中心とする弥生式文化が急速な発展をとげ、全国的に（北辺地域などに文化差はあるにしても）鉄器が行き渡るようになると、農産物の生産量が増大して経済力が強まった。それが裏づけとなって一般民衆と司祭者、つまり首長との生活水準の隔たりが大きくなり、各地に豪族が発生し、さらにそれらの統一に向かって進みはじめ、原始的な国家の形態へと発展していった。

この間に鉄器は剣、戈《ほこ》、鉾《ほこ》、それに鏃《やじり》などの武具として生産された一方、農工具の面でも弥生期のところで説明した、壱岐島出土の品々のようなものがさらに普及した。その結果、鉄器によって開墾が進み、新田の開発が行なわれ、池溝の開削によって水利の便が開けた。さらに鎌の普及は収穫を合理化したので農産物の収穫量は大幅にあがり、工具類の普及は住居建築を進めて定住をいっそう強くするとともに、あらゆる面で文化発展の母胎となった。

『日本書紀』をみると、崇神天皇六十二年のころには依網《よさみ》の池や苅坂《かりさか》の池、反折《さかおり》の池といった用水堀が盛んに造られている。そしてこのような農業工事が垂仁、応神、仁徳と続いてしきりに行なわれている。これは鉄器文化による土木技術の進歩を示すものであって、古墳築造のような後ろ向きのものだけでなく、前向きにも活用されていたことが推測できるのである。

このようにして経済力が強化されると、小集落国家のような組織をつくり、司祭者として祭政一致の形で統治の任にあたっていた共同体の首長は、経済的な自我意識からその地位の固定化を考えるようになり、権力と富との世襲制度を形成して豪族となった。そしてその権威を民衆に誇示するために、巨大な墳墓の造営を行なったのである。

この巨大な墳墓、いわゆる古墳の築造されていた期間、三世紀の中葉から七世紀にかけてを、考古学上、古墳文化期と呼んでいるわけである。これも初めと終わりでは、規模、副葬品の質・量などに大きな違いがあるので、通常、前期・中期・後期、さらに人によっては晩期を加えて、三期あるいは四期に分類している。これらの古墳と鉄器との関係は二つにわけて考えることができる。その一つは古墳そのものを築造する工事の原動力としての鉄器であり、もう一つはこれらの古墳に副葬品として埋葬され、当時の豪族の文化水準を伝えている鉄器である。
以下、簡単に年代を追って古墳築造の規模と鉄器文化の関係を述べてみよう。

文化の中心、近畿——前期

前期古墳文化は、ほぼ三世紀の中葉から四世紀ごろのことである。古墳文化期とはいうものの、まだ弥生式文化の色彩が強く、豪族の擡頭《たいとう》期でもあって支配の形態が貧弱であったため、首長は権力者という性格をもちながらも、司祭者的な性格を兼ねていたものと推測される。したがって、経済力もそれほど強固なものになっていなかったとみえて、この当時の古墳は『魏志』「倭人伝」に記載されている邪馬台国《やまたいこく》の女王卑弥呼《ひみこ》の墓のように「径百余歩」というような程度で、後世のものとくらべて比較的小型のものが多い。

その分布も近畿一帯のみであまりほかの地域には見られないところからも、このあたりからわが国文化圏の中心が畿内にあったことが想像される。そして副葬品も鏡、玉、剣などが主で、石製品や貝製品が多く、鉄器はわずかの武具類程度であった。
崇神《すじん》陵の陪塚《ばいちょう》である天神山古墳は副葬品の専用塚であったものと思われるが、そこに副葬されていた鉄剣はこの塚の巨大さに反してわずかに四本にすぎず、それに鏃《やじり》、鎌が若干あった程度にすぎない。桜井茶臼山古墳で発掘された玉杖は、柄《え》に碧玉の飾りをつけたもので、その芯金には鉄を使用しているが、これなどはまさに首長の司祭者的な面をのこす、ごく特殊な用途の鉄である。

この時代の副葬品に鉄器の少ないのは、鉄器文化の低調を意味するのではなく、経済的な集中がまだ弱かったことを意味するものと考えられる。古墳文化を示す埴輪《はにわ》も、この時期のものは、まだ複雑なものがなく、あまり形象にとらわれない素朴なものが多い。

大量の鉄製武具副葬——中期

中期に該当するものは、五世紀当時に築造された古墳で、この時代になると経済力はいちじるしく高まり、首長の完全な支配体制が完成され、富の集中が行なわれたので各地に豪族が輩出した。一方、豪族同士の間でも淘汰《とうた》が行なわれて、国家が統一されてきた。

かくして天皇家の地位が固まり、各地に跋扈《ばっこ》した豪族はそのもとに隷属して王侯貴族となり、各所領を統治し、大陸系の新しい風俗や文物を導入して、新国家の支配形態を整えはじめた。そのため旧来の祭政一致は徐々に崩れだし、祭祀儀礼は極度に形式化していった。そして、強い権力で古墳の築造に偉大な力を集結し、その規模においてもエジプトのピラミッドをしのぐ、応神陵や仁徳陵のような大形ものが出現するにいたった。

この期の副葬品についてみると、祭祀用具はすでに現物ではなく、一部は模造品になり、かわって大陸文化の影響をうけた、金銀づくりの武具や華麗な装飾品などが多量に埋蔵されるようになり、生前の王侯貴族の生活を彷彿させるものがある。

たとえば奈良県のメスリ塚古墳などは、中期初めのものであるが、その鉄製品のみをみても鉄剣、鉄弓、鉄鏃などの武具を大量に副葬しており、鉄剣のごときは二十五本におよんでいて、その量の多さに驚かされる。もう少し年代がくだっては、履中《りちゅう》陵の陪塚である堺市の七観山古墳からは、さらに多い鉄製刀剣約三百本が発掘されている。

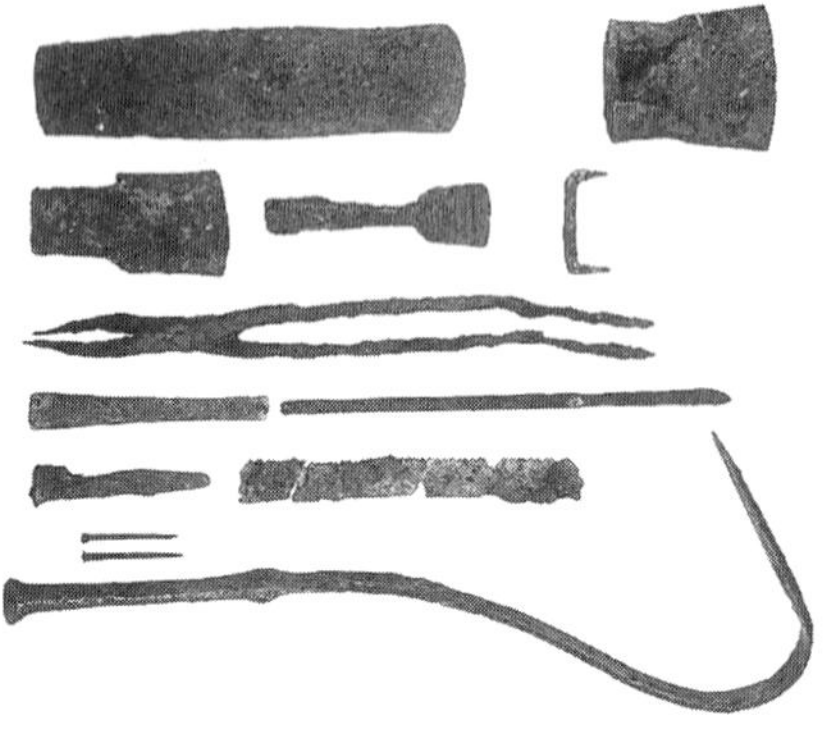

古墳より発掘された鉄製の工具類
(東京国立博物館蔵)

この期の副葬鉄器についてみると、前期からの引き続いた鉄製品のほか、武具類では環頭大刀《かんとうだち》のような優美な刀剣が出現した。鏃《やじり》も銅鏃から鉄鏃への移り変わりが顕著に現われ、鎧《よろい》は前期末に現われた粗末な短甲が改良されて、鋲接の優美な曲線をもつ形態のものとなった。その後、戦法の改良（騎馬戦の導入？）か、あるいは大陸の鎧形式の伝来からか、中期末には鉄製の挂甲《けいこう》（鉄片をつづり合わせた鎧）がみられるにいたった。

鉄製短甲（新潟県余川古墳出土）

ただ、ここに一つ、技術的におもしろい古墳がある。中期初めの岡山県にある金蔵山古墳がそれである。武具をはじめ工具、農具、漁具など各種の鉄製品を多数出土しているが、その量が多いだけでなく、五個の鋳鉄製斧とおぼしきものを出土している。古墳期の鉄はすべて鍛造品であることに対するただ一つの例外で、吉備《きび》製鉄の中心地であることと、その出土品が銑《ずく》の湯まわりが悪く、鉄滓《てっさい》もかみこまれていて、背の部分がどれも不規

鋳鉄製斧状鉄器（金蔵山古墳出土，岡山県倉敷考古館蔵）

則に割れており、鋳型の中子《なかご》なども作業中に動いてしまったことが認められ、いかにも苦心して鋳造したことを示している。こうした点からみて国産品であるとも考えられ、日本の製鉄文化の古さを物語る珍しい証拠品と思われる。

総じてこの期の鉄器は、権威の象徴であるとともに、量産によって完全に実用の品となっていた。また豪華さを加えるために、輸入技術に依存したであろうが、加工にあたっては、金、銀などが使用されるようになった。それもなるべく少量で貴金属の効果をあげるように、張《は》り金《きん》や鍍金《めっき》の技術を活用し、威風を示すことで民衆の賛辞を一身に集めるようにしていた。鉄の生産が加工から冶錬へと大きく踏み出していたことが推察される。

宝器的な価値の低下——後期

六世紀にはいって古墳期も後期になると、ようやく日本も国内の政治体制が整ってくる。中期に始まった朝鮮への出兵によって見聞が広まり、その新知識を用いて政府機構を充実し、階位などもある程度、制定されてきたものと思われる。こうして畿内には新興勢力として政府機構に出仕する階級が擡頭しはじめ、これらが特権意識から小型の古墳を乱造したので、いきおい大古墳のみならず、各地に小古墳の群集も出現した。

その築造にあたっては、旧来のように人力に依存するだけでなく、鉄製のてこやろくろのような簡単な道具が使用され、労働力の合理的な使用が始まっていた。また、大型の古墳では石室が大きくなって、竪穴《たてあな》式よりも横穴式が中心となり、一部では石棺にかわって陶棺などが使用された。これも大陸の墓制や文化の影響である。

副葬品については、従来のように国産の石で造った玉のみではなく、めのう、水晶、ガラスのような玉が豊富に加わり、間接的にわずかではあるが西域文化の影響すらみられる。鉄製品についても刀剣類も、簡単ななかに風格をそなえた頭椎大刀《かぶつちのたち》のような、装飾と実用を兼ねた純日本的な形式のものが生みだされ、農工具類も中期に引き続いてさらに豊富になった。

しかし末期には、一部のものは宝器的な価値がなくなり、古墳への副葬の場合には雛《ひな》形《がた》や鉄器型石製品のような、形式的なものを一部で使用するようになってしまった。だから、副葬品の鉄器が少なくなったからといっても、このころに鉄の生産が少なくなったのではない。

姿を消す金属副葬品――晩期

晩期は大化二年（六四六）に「薄葬令」が公布されて、古墳の造営が規制された以降からである。時代区分からいうと奈良期の初め、白鳳《はくほう》の当初にあたる。

この法令は古墳の築造を禁止したものではなく、あまりに古墳が乱造されたため、これを六段階にわけて階層別に規模を定めて、築造を規制したものである。この規制とその直前の仏教伝来にともなって、導入された火葬の普及とがあいまって、さしもの古墳築造熱も衰退した。また、この「薄葬令」には副葬品についての禁止令が含まれていたので、このころから、金、銀、銅、鉄、玉などの埋蔵物は少なくなり、古墳と鉄器を含めた埋蔵物との関係が急速に消滅していった。

古代の文献にみる鉄器

何度もいうようだが、記紀は七〇〇年代の感覚で書かれたもので、建国神話に端を発し、封建国家体制の整備と充実を、非常に手順よくまとめている。しかしその編集は、新興の島国国家として大陸の国家観を強く反映し、皇室の尊厳性と朝廷支配の正当性を裏づけているものである。したがって、創作のヒントになった個々の説話を作為的に配列したため、年代的にチグハグな重複があることはやむをえない。しかし、いちおう伝承や粗末な記録（王仁《わに》が文字をもってくるまで、記録技術がまったくなかったとは考えられない）があったのであるから、製鉄史を調べるにしても考古学的な検討を加えれば、なんらかの手がかりはあるものと思う。

その意味で、ここでは年代の不確実を前提にしたうえで、記紀に記載されている大和《やまと》朝の成立、発展をめぐって鉄器文化がどのように影響したかを批判的にみていきたいと思う。

まず、神武天皇の歌として伝わる（臣従した久米《くめ》軍団の唄）「忍坂《おさか》の大室屋に人多《さわ》に来入り居り、人多に入り居りとも、みつみつし久米の子らが、かぶつつい、いしつついもち、うちてしやまん、みつみつし久米の子等が、頭椎《かぶつつ》い、石椎《いしつつ》いもち、今撃たば善らし」が古墳期ごろの、鉄剣時代とはいえ不足しがちな刀剣事情を的確にとらえている。

つまり、頭椎剣《かぶつちのつるぎ》は鉄製のもので、従軍中のごく少数の豪族、貴族がもち、一般の兵士つまり久米の子たちは、石棒や棍棒のような木刀を使用していたのであろう。そして銅剣が現われていないが、このころには銅剣はすでに儀器としての形式的なものとなり、実戦用としては用いられなくなったものと思われる。

また、鉄鏃については『日本書紀』の神武東征のなかで、「九月甲子の朔戊辰、天皇、かの菟田《うだ》の高倉山の峰に上りまして、域《くに》の中を見下ろしたもう。時に国見岳の上に八十梟帥《やそたける》有り。また女坂《めさか》に女軍を置き、男坂《おさか》に男軍を置き、墨坂に焃炭《おこしずみ》を置く。その女坂、男坂、墨坂の名は、これによりて起これり」と記されている。この焃炭は戦闘資材の剣や鏃《やじり》を補給するための場所であって、鉄鋌《てってい》や折れた刀、徴発した農具などを小炭で焼いて応急的に鍛造していたものと思われる。

さらに『鹿島神宮略記』によれば、神武天皇は日向《ひゅうが》を発して、河内摂津の方面から大和国に攻めのぼったが、賊勢が強く成功せず、やむをえず道を紀伊に転じ、熊野かららはいって攻略しようとした。しかし戦勢ふるわず、ゆきなやんでいたところに熊野《くまの》高倉下命《たかくらじのみこと》より、武甕槌神《たけみかづちのかみ》が国土平定に用いたと伝えられる韴霊剣《ふつのみたまのつるぎ》を献上され、これを用いてついに難攻不落の長髄彦《ながすねひこ》を打ち破って統一を完成したという。

同神宮の神剣の時代考証は別として、このような縁起譚があることは、これも当時における鉄製武器の不足状態を端的に示しているものではなかろうか。つまり、鉄器は存在してはいたが、まだ量的に少なく偏在していたことがわかるのである。

また、時代はもう少しあとになるが、垂仁天皇の時代とされている沙本毘古王《さほひこ》の反乱は、『古事記』によると、「沙本毘古の王がその伊呂妹《いろも》に、夫と兄とどちらが愛《いと》しいかと問うと、兄のほうが愛しいと答えた。そこで沙本毘古王ははかりごとを考えて、汝《なんじ》がほんとうに我《われ》を愛しく思うならば、我と汝と天下を治めようと思うと言い、八塩《やしお》折《おり》の紐小刀を造って、その妹に渡して、この小刀を使って天皇の寝ておられるのを刺し殺せ云々」といった。この八塩折の紐小刀というのは、何度も折り返してよく鍛造した刀子《とうす》をさすものと思われる。

均一良質な鍛造品

このような文献からみると、弥生期から古墳期にかけての鉄器文化は、刀剣を通じて大陸文化を吸収し、長足の進歩をしたものと思われやすい。だが、むしろ狛《こま》の剣《つるぎ》の名が示しているように、これらは完成品の輸入が先で、国産化は農工具のような小型鉄器が主である。これが刀子などの製造となり、やがて頭椎剣のようなものまで自給できるように進歩したものと想像される。

したがって、狛の剣はあくまで優美で貴族の風貌を誇示する性格をもち、デザインなども韓土美術工芸の粋《すい》をつくしているが、これに反して頭椎剣は装飾も少なく実戦的な刀剣になっている。「神功紀」の、武内宿禰《たけしうちのすくね》のはかりごとにより忍熊王《おしくまおう》が瀬田済《せたのわたり》で敗れて死んだときの「かぶつちのいたでおわずば」というような記載も、この剣が儀仗《ぎじょう》的なものでなく、実用の武具であったことを示すものである。

また防御武具についてみると、仁徳帝の十三年甲申七月に、高麗より鉄楯の献上があり、盾人宿禰がこれを射た記録がある。『史記』の鉄幕と同一物であろうが、この時代になると鋭い鉄鏃が普及したので、それにともなって楯が木製や革製のものから一部は鉄板製のものへとかわったことが想像できる。まして「欽明紀」に記されている弩《ど》などを現実に見、大陸での戦闘でこれに遭遇したならば、鉄楯の必要は痛切に感じたであろう。

重量からみて実戦には適さず、軍陣の偉容を示すためのものと見られる点もあるが、現在奈良県天理市の石上《いそのかみ》神宮に国宝として残っている。

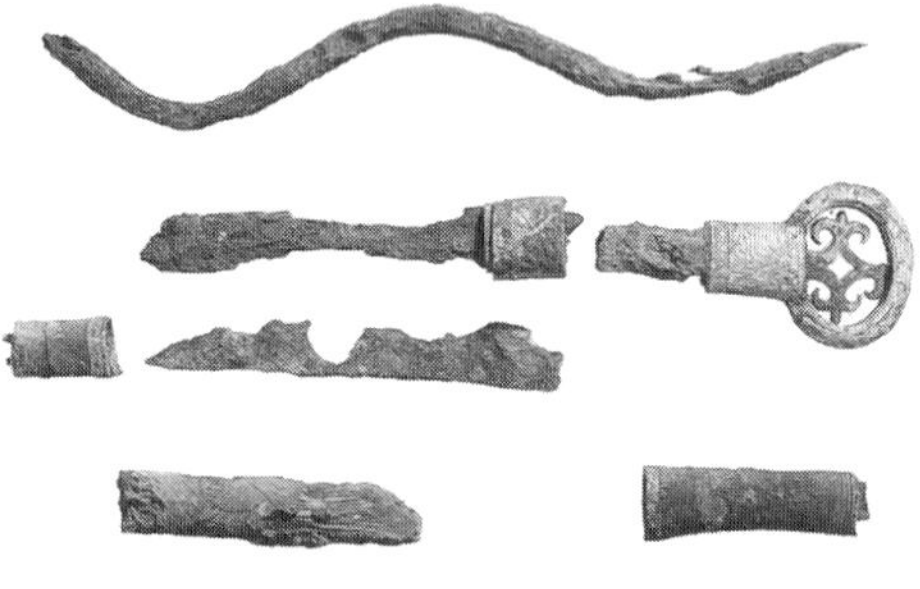
環頭大刀（埼玉県将軍塚出土，東京国立博物館蔵）

鎧《よろい》も『武学拾粋』（嘉永六年〈一八五三〉、星野常富著）によれば、「崇神帝十年武《たけ》埴安彦《はにやすひこ》叛逆して誅に伏せし時、討ち漏らせし者ども皆甲《かぶと》を脱ぎて遁《のが》るということを見いでたり、しからばそれより以前に起こりたるべし」とあるが、埴輪の武者像もすでに鉄製とおぼしき短甲を装着しており、前項で述べたように多くの出土例もあるから、鉄板製の簡単なものは古墳期の初期からあったのであろう。

鎧は『兵具要法』によれば「我朝には神功皇后新羅百済《しらぎくだら》高麗等三韓進発の時始る云々」とあるが、これがはじまりなのではなく、大量生産を意味するものである。なお古墳期を通して鎧は金銅加工のものや鉄を素材として造られていたように思えるが、実際には皮革製や竹製、少しあとには綿襖甲冑《めんおうかっちゅう》のようなものもあったであろう。いずれにしても、古墳期のはじめに、すでに鉄塊を薄く鍛造して均一な鉄板とし、これを鋲接《びょうせつ》して鎧を製作しうるまでに、鉄の加工技術がなっていたというのは驚くべきことである。

鉄楯（奈良県天理市石上神宮蔵）

このように日本の中心となる皇室——大君《おおきみ》が出現し、地方豪族の実力が相対的に低下すると、国内は統一気運にむかい、内戦外征に備えて大量の武具類が生産蓄積されたので、鉄冶の技術はおおいに進み、それにともなって農工具も量産され、新興国家の経済基盤を強化していった。このような結果、国力が大幅に伸張したので、国内の征服統一の一段落とともに、さらに大陸の遠征も企図されるようになり、それは武具の大量需要を喚起して、いっそう鉄の増産に拍車をかける結果となった。

このころ、雄略天皇に比定されている武王が、「六国諸軍事安東大将軍倭王」を僭称し、世襲国家の王たる権威をもって宋朝に西暦四七八年に送った表文には「昔より祖禰《そでい》みずから甲冑を擐《つらぬ》き山川を跋渉し寧処《ねいしょ》にいとまあらず。東は毛人を征すること五十五国、西は衆夷を服すること六十六国、渡りて海北を平ぐること九十五国、王道融泰にして云々」とあり、じつに簡潔に当時の国情を述べている。

5　三韓遠征と武具

三韓遠征は鉄器の獲得戦

神功皇后の新羅遠征物語は神話であるにしても、このようなことが実際に行なわれたというようなことは、ひろく知られていることである。この物語を裏づける資料として、中国吉林省集安県で発見された高麗の広開土王の勲功をたたえるために建立された「好太王碑文」、正しくは「国岡上広開土境平安太王陵碑」の文面があげられている。

それによると「百残新羅は旧これ属民にして、由来朝貢す。しかして倭辛卯《しんぼう》の年をもって来たり、海を渡って百残□□新羅を破り、もって臣民となす」と記されている。学界では永楽元年（三九一）に日本人が半島遠征を実行し、百済をはじめ諸国を征服したものと解している。当時すでに倭人は任那《みまな》、加羅などを半属領とし、新羅の国境辺にまで多勢出没しており、永楽十四年（四〇四）には、遠く帯方近辺にまで北上していたのである（異説もある）。

このような事跡が、記紀の編纂《へんさん》にあたって、三韓征伐のストーリーの素材となったのであろう。しかし、神話にしてもそのあとの記述にしても、三韓は遠征の対象となる相手国でありながら、徹頭徹尾わが国より文化水準の高い、財宝、資源に恵まれた国として記述されている。「韓国の嶋は是れ金銀あり」と、古くは須佐之男命や稲永命が韓国へと海を渡った神話をはじめとして、わが国の古代住民にとっては海のかなたに浮かぶ朝鮮半島の土地は、理想郷であり羨望《せんぼう》のまとであった。

したがって、古墳期に入って政権が確立し、経済力が高まり武力が蓄積されてくるにともない、いわゆる「穢貉、朝鮮、真番の利」を確保しようと、「新羅の国を丹浪もちてことむけ給わん」と遠征を計画したのであろう。この真番の利とは、当時、半島における鉄の産出地は弁辰をもって第一とされていたが、これについで真番が著名になっていて、『東国輿地勝覧《とうごくよちしょうらん》』（李氏朝鮮、盧思慎著の地理書）によれば同地は鉄国の名でよばれており、明らかに鉄の産出をさしているのである。このようなことから、場所も慶尚北道方面であるが遠征の対象に考えられたのであろう。

この三韓遠征の準備のためには国内の資源と鉄冶を総動員して、刀剣、甲冑、鏃《やじり》などを生産したことであろう。戦闘の経過についてみると、神功皇后の五年に、新羅より来た使者に同行して、かの地に渡ったわが国よりの使者葛城襲津彦《かつらぎそつひこ》は、その道々、彼の使者のそむいたのを怒って、これを殺して新羅に攻め入り、まず踏鞴《たたら》の津に次《つぎ》宿《やどり》し、草羅《さわら》の城を攻めてこれを落とした。という具合に、まず製鉄の基地と想像される地点を占領している。

また、この時代における遠征が、多くの財宝を奪うとともに、鉄の獲得に大きな目的があったことは、次に記す『日本書紀』の百済王の奏文の中にも端的に表現されている。

　百済の肖古王《しょうこおう》、深く歓喜し、厚く遇しつ。よりて五色の綵絹《しみのきぬ》おのおの一疋および角の万箭、あわせて鉄鋌《ねりがね》四十枚をもって爾波移《にはや》にあたう

とあり、また、

　五十二年秋九月丁卯《ひのとう》の朔《ついたち》、丙子《ひのえね》、久氏《くてい》等（百済王使）、千熊長彦に従いて詣けり。すなわち七枝の刀一口、七子の鏡一面および種々の重宝を献る。よりて啓していわく。臣が国の西の方に水《かわ》あり。源谷那鉄山《みなかみこくなかねむれ》よりいず。その遠きこと、七日行くともおよばず、まさにこの水を飲みて、すなわちこの山の鉄を取りて、もってとこしえに聖の朝に奉るべし。すなわち孫枕流王《うまとむるおう》に語りていわく。今わがかようところの海東の貴き国は、これ天の啓き賜うところ、これをもって天恩をたれて、海西を

割きてわれに賜えり。これによりて国の基とこしえに固し。汝《なんじ》まさに善く和好を修めて、土物《くにつもの》をつみ集めて、貢奉ることを絶さずば死すといえども何の恨かあらむ。これより後も年毎に相続ぎて朝貢たてまつれ。（久氐は久弖と表現する例もある）

と、このように記述してある文章は勝者側としての一方的な表現であるが、その文面の背後には鉄をめぐっての資源獲得戦であったことをほのかに物語っている。

悲しき捕虜工人

三韓時代の辰韓は、周辺のどこよりも鉄冶技術が進んでおり、各国から鉄の入手のために人々が集まっていた。つづく三国時代はそれが組織的なものとなり、新羅が統一するにおよんで漢の制度をまねたのであろうか、鉄鋳典という官営鉄山が設置され、時代をくだって高麗時代になると、掌冶署という機関が設置された。そのような状況になれば、この遠征では資源のみでなく、渡来工人のほか多くの工人も捕虜となり、鉄工はわが国の砂鉄産地などに配置されて武器や鉄器の生産に強制的に働かされたことが想像できる。

年代は違っているが「垂仁紀」に記載されている皇子五十瓊敷命《いにしき》が茅渟《ちぬ》の菟砥《うど》川上

の宮において、鍛工川上首に命じた大刀千本の鍛造などは、おそらくこのような人々のことを書き残したものであろう。石上《いそのかみ》神宮に残る刀剣類に彫られて今に伝えられる、常陸国俘囚臣川上部首厳美彦、陸奥国俘囚臣河上首嘉久留、河上首達久留など、それに月山鍛冶の始祖といわれる陸奥国月山住俘囚臣宇久利、同賀久利、漢人俘囚臣佐比忌寸、陸奥国月山住俘囚臣部首多久利などは、みなこのような悲しい前歴をもった人々だったのである。この点は、昭和初年代、『日本刀の秘奥』に佐藤富太郎氏の著で、小川琢治博士の研究として広く発表されているが、しかしその認定には異論もあるといわれている。

これは鉄ではないが和歌山県の隅田《すだ》八幡社の宝物である癸未銘画象鏡にも「穢人今州利二人等」とあり、肩書に俘囚とか穢人と書いていることでもわかるように、金属製錬技術者は一般に冷遇されていたものと思われる。

『古事記』の応神帝の条に現われる帰化工人の卓素《たくそ》も、伝説どおりだとすれば、西暦二八五年に渡来し、日本の鉄器文化を二大流派に分けた一派である韓鍛冶の始祖だが、年代をこのころとすれば、やはり前記の俘囚に近い人々の集団の頭だったのであろう。

なお、もし、これらの人々が名誉ある鉄冶技術者、鍛造技術者として、優遇されてないまでも、専門工人としてのしかるべき取り扱いを受けていたならば、どうしてこのような情けない俘囚臣などという賤民階級を意味することばを、銘に切る必要があったであろうか。

古典も伝説も帰化工人の伝来させた文化を高く評価しているが、そこで払われた個人の悲しみは黙して語っていない。しかし、いずれにしても、その裏面には、このような多くの工人たちの涙が秘められているのである。

文字が彫られている刀剣

古墳時代の鉄器はその出土した古墳の編年から、だいたい西暦何世紀ごろのものという推定が下される。しかし、その出土品の表面に製作理由や方法、作製年代などを示す文字が彫ってあって、年代をあきらかにしていることもある。現在までのところ、いずれも刀剣で三点ある。

銘文からみて最も古いものは、古墳前期の天理市にある東大寺山高塚から発掘された鉄刀十三本のうちの一本であるが、その棟に「中平」の年号が彫られている。この中平は後漢の霊帝の時代であり西暦一八四～一八九年ごろであるから、時代的にみて、この古墳の被葬者が製作後百～二百年の間伝世したものを、被葬者の死にあたって遺族が副葬したものである。そして、この刀の鍛造は韓土または漢土においてだったであろう。

つぎは七支刀《しちしとう》とよばれるもので、『日本書紀』の神功皇后五十二年の条（六一ページ掲載）に「すなわち七枝の刀一口」と記載されている。これは、倭から百済のために援兵を送ったのを感謝して、百済王の使い久氏が倭王に献上した数々の貢物の中にあった、七支刀であろうといわれているものである。

奈良県天理市布留《ふる》にある石上《いそのかみ》神宮に神宝として伝わっており、鉄製両刃の剣で剣身の左右に三本ずつの枝が出ており、その剣身に金象嵌《ぞうがん》で輪郭をほどこし、同じ方法で片面に三十四字、もう片面に二十七字が記されている。現在でも銹《さび》や象嵌の剥落でまだ完全に読みきれていないが、その文字は八分体の正書で次のように書かれている。

百済王献上と伝える
七支刀
（奈良県石上神宮蔵）

(表) 泰和四年五月十六日丙午正陽。造百練鉄七支刀。世辟百兵。宜供供侯王。□□□□作。

(裏) 先世以来。未有比(此)刀(刃)百済王世。□奇生聖晋(音)。故為倭王旨造。伝示後世。

この読み方については学者のあいだでも異説があり、ここではその一例をあげておく。いずれにしても漢代の銘文の方式にかなない、文字どおり百済王から永世に伝えられたいとの願望をこめて、倭王に贈られた完全な大陸舶載品である。

この泰和四年は、東晋の太和四年で西暦三六九年にあたり、『日本書紀』の壬申《みずのえさる》の年で西暦三七二年とは三年のくいちがいがある。しかし、この年は紀の朝鮮遠征に出発した年であり、古文献から推してもまちがいないものとされている。

このなかで、とくにわれわれが注意しなければならないのは「造百練鉄七支刀」の七文字である。鉄の文字は完全でないが、前後の関係と材質そのものからみて確実であり、造百練は入念な鍛造を意味するものである。写真に示したが長さ七四・九センチで下部より一五センチの個所で折損している。

もう一つは銀象嵌大刀とよばれるもので、熊本県玉名郡菊水町の江田船山古墳から出土している。

これには、

治天下獲□□□鹵大王世。泰(奉)為典(事)曹人。名无利(刊)。工八月中用大鋳釜。幷四尺迋刀八十練六十振三寸上好□刀。服此刀者。長寿子孫洋(注)々。得三恩也。不失其所統、作刀者。名伊太於(利)。書者。張安也。

の文字が、八分体正書で銀象嵌されている。これは、稲荷山古墳鉄剣の銘文と対応している最初の一句から、大泊瀬幼武《おおはつせのわかたける》天皇つまり雄略《ゆうりやく》天皇の世を記しており、この製作年代は西暦五世紀の中ごろと推定されている。

なお、ここで注意すべきは「八十練」の文字で、おそらく当時としては鍛造のきわだって優れていることを述べたものであろう。筆者の見たところでは、形状は後世の無反《むぞ》りの日本刀をもっと実用化したような形をしており、角ばった平造りに近いもので、切ることと同時に刺すこともできる両用のものである。

この剣の鍛造の技術はまだ素朴なもので、銹《さび》が薄片状に発生しているところをみると、折り返し鍛造（鉄塊を長く鍛えのばし、中央で折って重ねて、また鍛えのばす、この工程をくりかえして形成する）というよりは、鉄鋌《てってい》のような素材を縦割りして

（小型鉄鋌なら縦並べして）、何枚か重ね合わせ灼熱鍛造して圧着し、九〇・五センチの現在の長さに延伸成形しただけのものではなかったろうか。

もし、折り返し鍛えとしたら、それはまだごく初歩的なものにすぎなかったと思われる。もちろん、芯金《しんがね》と皮金《かわがね》とで鉄の質を変え、戦闘にさいして折れず曲がらぬというような配慮はしてないようである。しかし、土取りの有無など技術の水準は別として、焼き入れも砂焼き入れ、あるいは水焼き入れ程度のごく簡単なものはすでに採用されていたであろう。ただ、この場合、まだ野鍛冶が行なうような硼砂《ほうしゃ》の利用などはおそらく知られていなかったであろうから、鉄素材と鉄素材との圧着面にどういう工夫をしていたか、そのあたりに問題が残ると思われる（大鋳釜は鋳鉄破片に左下《さげ》類似の脱炭をして、鉄板状に鍛造したことの意味であろう）。

なお、この刀については、銘文の扱い方が純粋な漢文でなく、倭化した漢文になっている。おそらく、帰化人の史部《ふひとべ》のような人が銘文をつくったものと推定され、その製作は国内で行なわれたものと考えられている（これらの刀剣の銘文は錬でなく練を使用している）。

豪華な鉄製武具類

古墳時代の武具についてふれると、まず刀剣をはじめとして、甲冑《かっちゅう》、楯《たて》、鏃《やじり》がある。以下それらについて、発掘品や伝世品によって概観してみよう。

古墳から発掘された刀剣類は、形状によって分類すると、環頭《かんとう》大刀、頭椎《かぶつち》大刀、圭《けい》頭《とう》大刀、円頭《えんとう》大刀、方頭《ほうとう》大刀、蕨手《わらびて》刀、それに刀子《とうす》などがある。

環頭大刀はいわゆる「狛《こま》の剣《つるぎ》」と称される絢爛豪華《けんらんごうか》な剣で、柄頭《つかがしら》に環状の部分を有しているのを特徴とする。その環内に竜頭や獅嚙《しがみ》の彫刻をほどこし、鉄あるいは銅の卵形状のつばをもつ大刀であるが、柄頭、さやなどの部分は大部分のものが金銀で装飾されており、実戦用というよりは権威の象徴であって、儀刀として使用されたものと推測される。

「こまのつるぎ」と称されているが、呼称となっている高麗《こま》はこの刀の発祥地ではなく、韓土から伝来したものである。おそらく高麗から朝貢品や戦利品としてわが国へ伝わったために、この名称がついたのではなかろうか。

この剣も古墳前期のものは装飾も少なく、飾りのなにもない素環頭のようなもので、前述のような竜頭環や唐草環のような豪華なものは、主として中期以降の古墳から多く発見されている。この刀は古墳期だけでなく、次の奈良期に入っても使用されている。『東大寺献物帳』（七五六年、目録）にも環頭銀装の大刀に「銀荘高麗様大刀」の呼び名がつけられており、のちには国産されて長い期間にわたり使用されていたことがわかる。

頭椎大刀とよばれるものは、いわば前にも述べた、環頭大刀を実用的に部分改造した国産の大刀である。その名は、柄頭の形状が握り拳・卵のような塊状であるところからきている。この部分に貫通孔をもち、ここに紐《ひも》をとおして使用時に腕に結びつけられるようになっている。

この刀は古くは記紀の天孫降臨神話の武装にも現われ、その性能は発掘品をみても環頭大刀よりさらに実戦的になっていて、内外の遠征などにあたって、何度も戦闘に使用されたものと推定される。

圭刀大刀、円頭大刀、方頭大刀などは、いずれも柄頭の形状の違いからきた名称であって、刀身には実質的な違いはない。これらは多分に儀仗《ぎじょう》的なデザインである。

蕨手刀は、柄頭が早蕨《さわらび》のような形状をして、柄《つか》と刀身とが一体になっている刀である。長さが比較的短く（全長五〇センチ程度）、幅の広いもので、青竜刀を小型にしかも若干細身にしたような形状で、刀兼サバイバルナイフともいえそうである。これも様式はいくらか変化しているが、奈良期まで使用が続いており、正倉院御物のなかに黒作横刀として今に伝えられている。

以上の刀剣は、いずれも鉄製鍛造によって製作されたもので、もっとも貴重な環頭大刀ですら、現在全国各地より百点以上が発見されており、その分布が非常に普遍的である。これに反して蕨手刀は発見例が大部分北海道、東北、北関東に集中しており、鉄製刀剣使用の種類による地域差を示すものとして面白い傾向である。なお、刀剣類の出土が畿内とならんで群馬県に比較的多いことも、最近、同県でタタラ遺跡などが発見されており、古くから金属文化の栄えたところであるだけに注目に価するものがある。

防御用の武具としては、甲冑《かっちゅう》をまずあげなければならない。冑《かぶと》は衝角《しょうかく》式のものと眉《ま》庇《びさし》式のものとあり、金銅製のものもあるが、鉄の小札《こざね》を鋲《びょう》で接合して組み立てたもの

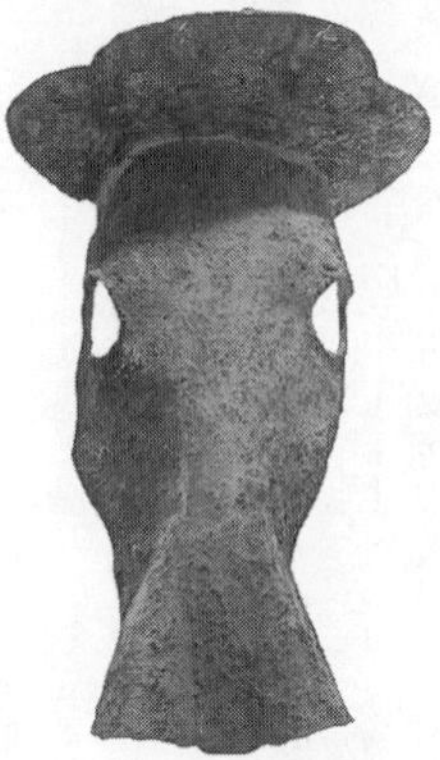
馬かぶと模造（和歌山県大谷古墳出土，和歌山市蔵）

鉄鏃（大阪府黄金塚出土）

も少なくない。また、鎧《よろい》は、長方形または三角形の薄鉄板を鋲接するか、皮紐でつづりあわせてつくられた短甲が多い。大阪府美原町の黒姫山古墳からは鉄製の甲冑（短甲）二十四組が発見され、注目されている。四世紀に入ると、すでに騎馬戦が始まったものか、あるいは大陸より新しい武装として導入されたものか、鉄板の小札を綴じあわせた挂甲が現われはじめ、大阪府藤井寺市の長持山古墳や岡山県吉備郡真備《まきび》町の天狗山古墳から、ほぼ原形をとどめたものが発掘されている。なお、鉄製馬具としては、中・後期の古墳から鞍の金具や輪鐙《わあぶみ》のほか、轡《くつわ》鏡板《かがみいた》や杏葉《ぎょうよう》に鉄製で金銅加工を施した優美なものが出土している。

珍しい例としては、和歌山市の大谷古墳で多くの武具類とともに、鉄板製の馬用の冑と鎧が出土している。銹《さび》のために細部の加工法は不明だが、薄板鉄を槌《つち》でたんねんに叩き出して造っており、じつに立派なものである。この古墳は大和朝廷の武将で朝鮮にも出兵した紀氏一族のものと推定されているだけに、おそらく大陸鉄器文化の最先端をいくものと想像される。韓土でも福泉洞古墳で同形のものが発見されているが、いずれにしてもこれは実戦用ではなく、蛇行状鉄器などとともに儀仗的なものであろう。

鏃《やじり》はきわめて多く出土しており、銅鏃がすでに儀器化しているのに反して、鉄鏃が鍛造の鋭い実用的な攻撃用武器となっているのは注目すべきことである。形式は金属製の長所である有茎式のもので、平根、尖根、棘箆被《とげのかずき》などいろいろの種類がある。金蔵山古墳などでは鉄器の副葬が多い点からかもしれないが、非常に複雑な形状のものを埋蔵していた。

だが、一方、古墳時代は痛矢串《いたやぐし》ということばが残っているように、まだ竹鏃もそうとう使用されていたものとみえる。『魏志』にも「竹箭」あるいは「鉄鏃」あるいは「骨鏃」と書かれてあり、このことを裏づけしている。骨鏃の大部分は鳴鏑《なりかぶら》であろう。

〔追記〕

昭和四十〜五十年代の高度成長期は、土木建築の工事が飛躍的に進展し、それにともない各時代の遺跡が多数、発掘調査された。そこには製鉄、鍛造、鋳造の遺跡もあり、また大量の鉄器を埋蔵した弥生・古墳期の遺跡もあった。その中でも珍しいのは、金銀で象眼をした、銘文入りの刀剣が何例か出土したことである。代表的なものを列記略説しよう。

①昭和五十一年に千葉県市原市の稲荷台一号古墳で発見され、五世紀中後期のものと推定されている。この剣はX線撮影で、長さ七三センチメートルの柄に近い部分の表裏に銀象眼が施され、「王賜」のほか「敬安」「此廷」と、わずか六字だけが判読できた。この地

は、東北遠征の初期前線基地でもあるので、畿内と被葬豪族との関係、天皇と在地豪族についての統治状況が想像できる。豪族の権威を高めるために下賜されたものとみれば、製作地は王権の所在地であろう。

②昭和四十三年に埼玉県行田市の稲荷山古墳から出土したものは、五世紀のもので、長さ七三センチメートル、百十五文字におよぶ長文の金象眼から、「辛亥の年（四七一年）」、「獲加多支鹵大王」（この表記は、江田船山古墳出土の鉄製大刀の銘文のものと一致する）つまり大泊瀬幼武（雄略天皇）が、この古墳被葬豪族に下賜したものと推定されている。倭王武（雄略天皇）が宋の順帝に提出した上表文から推察して、勢力拡大期にあった大和朝の杖刀人の首ということから、前線部隊長の乎獲居臣への論功行賞の品と考えることもできよう。

③大正年間に島根県松江市の岡田山一号墳から出土した六世紀中後期の圭頭大刀に、銀象眼が施されていることが、昭和五十九年に判明した。それは、『出雲国風土記』「大原郡」に現れてくる「少領外従八位上額田部臣」という銘文であった。これは、当時の部民制度などを知るうえで貴重なものとされる。そして、出雲国は突出した強大さから、大和側に別格扱いされていたことが想像されている。

④兵庫県養父郡八鹿町の箕谷古墳二号墳からは、銅線を用いて象眼された、「戊辰年五月」、つまり五四八年（六〇八年説もある）のものが出土し、但馬豪族の象徴とみられて

いる。

これらの刀剣素材の鉄は、当時すでに国産されていたものか、輸入されたものか、いずれであろうか。下賜に必要な文字を記しているが、素材との関連も興味深いものがある（②の象眼用の金線には自然金を細線加工したものが用いられていた）。

なお、これらの刀剣の銘文解釈や交付経緯などについては、日韓の学者間で大幅な見解の相違があることを付記しておく。

6　権力の象徴としての鉄器

鉄器素材の大量発掘

古墳文化期の鉄器文化を代表する出土品には、奈良県の宇和奈辺《うわなべ》古墳の陪塚大和六号墳から出土した鉄板類がある。専門的には「鉄鋌《てってい》」と呼ばれているが、現在の考え方からすれば鉄器の半成品にあたる鉄地金で、長方形のやや中央がくびれた形状の薄い鉄板である。大型と小型に便宜上分類されているが、大型は一枚が二五〇〜七〇〇グラム程度であり、小型のものは二〇〜三〇グラムで、出土量の合計は一四〇キログラムに達している。大型のものは形状がそろっているが、小型のものの形状はあまりそろっていない。発掘されたときの状態は次ページの図に示したようなありさまで、人間を埋葬したようすはまったくなく、石製品七個のほかは全部鉄器であった。

ちなみにその数量をあげると、大型鉄板二百八十二枚、小型鉄板五百九十枚、鉄斧百二個、鉄製農具類（鋤《すき》、鍬《くわ》先、鎌《かま》）三百十八個、鉄製工具類（刀子、鉇《やりがんな》）二百九十三個である。しかもこの古墳が築造されたのは西暦四五〇年前後のことであるから、大和を中心に中央集権的な政治体制が固まっていたにしても、とにかくこれだけの鉄を集めえたというのは、普通のことではない。同時代の巨大な前方後円墳とともに、このまとまった鉄量は、確立期の大和朝の充実した権力を物語るものであろう。

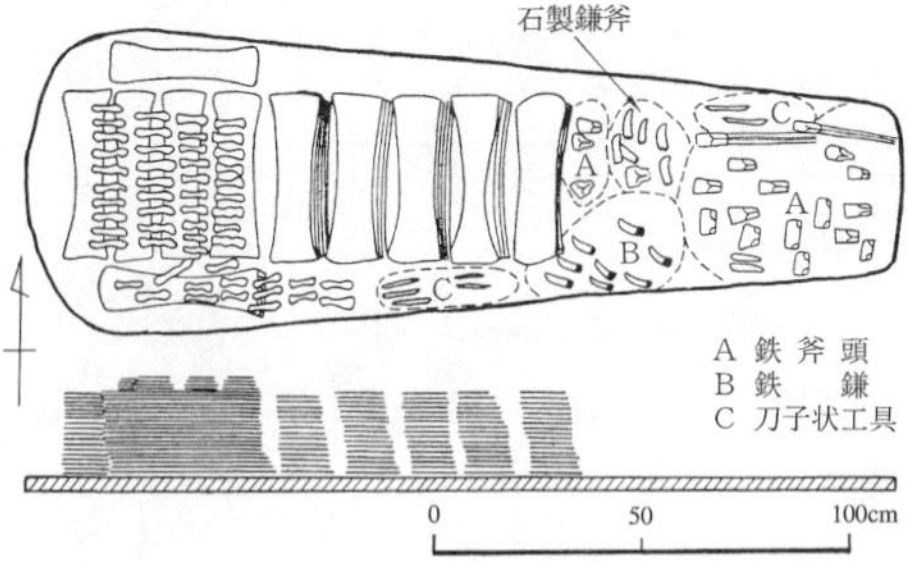

大和6号墳の鉄製品副葬状況

大和6号墳の鉄鋌〔大・小〕(宮内庁蔵)

筆者はさいわいにして、その出土鉄板数点を詳細に調査する機会を得た。その結果は、他の古墳から出土した鉄板に比較して銹《さび》の発生が少なく、いまだに一・五〜二ミリくらいの厚さにかかわらず曲げても折れにくいほどで、鉄質は非常によいものである。おそらくは、木炭による低温度の直接還元によって、原鉱から一度に還元され、入念な鍛造によって、鉄板とされたものであろう。含有炭素の関係から考えても、鉄質の点からみても、銑鉄を再溶解して造ったものとは思われない（『月の輪古墳』掲載。和島誠一氏調査データ参照）。

成分は炭素〇・四七パーセントで、古代の半成品としてはやや低めであるが、燐《りん》、硫黄《いおう》などの不純物は非常に少なく、原料がたまたま良かったとしても、きわめて優秀な材質である。これを原料として刀剣や農工具などを造ると、加工にさいして脱炭することが考えられるから、いくらか甘いものとなるかもしれない。しかし当時としては、別に使用上支障はなかったであろうし、またあるいは簡単な焼き入れ技術が、すでに知られていたのではなかろうか。

古墳時代には、古いものでは福岡県宗像《むなかた》市久原の住居跡、さらに岡山県総社市窪木薬師遺跡出土のものなど、住居跡から発見されたものも数例ある。しかし、いずれにしてもそういった半成品としての実用的な面よりも、むしろこの素材自体がもっていた、いつでも使用できる財宝的な意義が、大きかったのではないかと思われる。

この鉄板については『魏志』「東夷伝」を引用したり、朝鮮の慶州にある金冠塚から出土した鉄板と比較したり、あるいは『日本書紀』の記載を採用したりして、多くの人によって大陸からの「舶載品」と考えられている。だが、このような鉄板の祖型とおぼしきものがすでに壱岐島の唐神《からかみ》遺跡から発見されており、この当時からの鉄器文化の推移を考えたならば、いちがいに舶載品とのみ断定することは早計であろう。この年代はたしかに大陸の文物が続々と流入した時代であるが、帰化工人の渡来、倭人の鉄器生産技術習得、金屋の専業化と系統だって考えると、この時代までくだれば、不揃いなものなど、一部は国産の可能性も考えてよいのではなかろうか。

なお、ここで考えなければならないことは、この貴重な鉄をこれだけ集めえた人はだれかということである。もちろんそれは、コルザバード（中央アジアのアッシリア帝国）のサルゴン王宮殿から発掘された一六〇トンにくらべれば、微々たる量かもしれない。だが当時の日本の実情からすれば、もうすこし年代はくだって奈良時代になるが、「喪葬令」によると賻物《ふぶつ》の鉄について「正従《しょうじゅう》一位鉄十連、正従二位八連、正四位三連、従五位二連」と階級が下がるほど少なくなり、これ以下の地位では鉄を賜ることができず、「位人臣《くらいじんしん》をきわめた」太政大臣でも十五連であったといわれている。しかも奈良時代の墳墓の出土品から考えると、この賻物の鉄はかならずしも副葬されず、遺族の富の一部となったことが推定されるのである。だから、それよりも数百年も遡ったこの古墳の築造年代に、これだけのまとまった量の鉄を副葬できた人物は、とにかくよほどの権力者でなければならなかったはずである。

鉄板はこの大和六号墳のほかに、大阪府の鞍塚古墳から四枚、狐山古墳から一枚、京都府の経塚から四枚などが発掘されている。そのほかにもかなりの例があるが、古墳期のものは大小不揃いで、形状の類似があっても、それは自然発生的な類似である。さらに、これが奈良期あたりになると、天平尺《てんぴょうじゃく》の寸法で周囲を切りそろえたものが出ている。そしてこの時代まで年代が下ると、埋蔵の状況にもよるが、生産技術が進んでいくらか高温溶融になった関係か、かえって平均して銹《さび》の出具合がはなはだしくなっている。

新田開発・灌漑工事と鉄製農工具

わが国において古墳築造のおこなわれはじめた時期は西暦二五〇〜三〇〇年ごろであるから、大陸では漢が滅亡して魏、蜀、呉の三国が鼎立《ていりつ》していた時代である。そしてそれらの三国が晋によって統一された時代（西暦二六五年）に連なるのであるが、このころから約百五十年の間にわたって、わが国の消息はかの地の文献から姿を消している。しかしそれは、大陸文化の流入がストップしたのではなく、わが国の政治的な理由と、中国が戦乱によって史書の編纂《へんさん》をしなかったからである。その間も、わが国は朝鮮半島との交渉がひんぱんにあって、帰化人（渡来人）、外征などを通じて間接的に大陸の文化をたえず摂取していたのである。

したがって、日本独特に発達したといわれる古墳の築造にも、大陸の影響は無視することができない。墳墓としての必要以上に、壮大な石室構造を有する墳丘を築造することや、多数の財宝類を副葬品として収納することは、あきらかに大陸の厚葬の習わしをまねたものであろう。形式こそ違うにしても、その考え方はおそらく帰化人の大陸における貴族、豪族の葬制の話にもとづいて、このくらいの土木工事はわが国においてもできると、帰化工人や部民《べみん》を使役して、設計、施工をさせた結果によるものであろう。

しかし、この古墳を築造した国力の背景には、鉄製農具の使用による灌漑《かんがい》工事や新田開発の推進、農耕作業の能率化、それらによってもたらされた農産物の増収ということが厳然とひかえているのである。またこの工具類の普及によって、紡織、製陶、木工、鍛冶、皮革の生産などが進み、原始的な時代なりに経済的充実をきたして、生活水準の大幅な向上がもたらされたことも見逃すことはできない。こうして日本の文化程度は、この古墳期の半ば以降、急速に発展したのである。

しかし、前にも述べたように、政治形態はようやく中央集権の様相を固めていたので、これらの高度な文化は一部上層階級の独占物であった。

たとえば農具の鋤《すき》、鍬《くわ》にしても、弥生式文化期より鉄製農具が普及したとはいうものの、庶民にはまったく高嶺《たかね》の花であって、貴族、豪族から貸与されてその所有地の耕作に従事することがおもであった。例外的に自作をする場合には鉄鍬は使わせてもらえず、曲がり木で造った木鍬のようなものが使用されていたようである。のちの钁《くわ》丁《よぼろ》ということばなどは、こうした農奴的耕作民をさしたものである。

このような形で鉄製農工具は貴族、豪族の所有としてその権力下におかれ、農民もそれぞれ勢力圏内のものが彼らに隷属させられて、支配者のために労働させられ、次の時代の部民組織となる原形を形づくっていったものと思われる。

大古墳を築造するほどの貴族や豪族が、鋤、鍬、鑿《のみ》、鉇《やりがんな》、やっとこなどのような農工具類を副葬している理由は、このような生産手段である鉄器の多量な所有者であるという、プライドにもとづくものと考えなければ理解できない。したがって、鉄器が貴重であることが前提となるので、前期、中期の古墳にその副葬が多く、後期の古墳ともなると、このような品物は少なくなる。

たとえば大谷古墳のように、わざわざ鉄で道具の雛形《ひながた》をつくったり、石で模造したりして埋葬するような、形式的な祭祀用具になってしまい、その本質は忘れ去られようとしている場合もある。このような経過は、おそらく古墳期の中期末以降に、大陸文化の流入が激化して、鉄の量産がすすみ、われわれの想像以上に鉄製品が普及したため、権力の象徴としての鉄のもつ意義が薄弱になったことにもとづくものと推測される。

鉄製農具と工具

この期の出土品を農具と工具にわけて概観してみよう。

わが国は、すでに記紀の編集にあたって「豊葦原千五百秋之瑞穂国《とよあしはらのちいほあきのみずほのくに》」と称されているように、農耕の開始は非常に古く、縄文式文化期の末期には農耕がはじまり、弥生期にはすでに稲作がはじまっている。しかし、鉄製農具がなければ低湿地帯を木製の鋤、鍬で耕やすほかはない。木鍬は江戸時代になっても各地で使用されており、『古事記』の仁徳天皇の条にも「つぎねふ山代女《やましろめ》の木ぐわ持ち、打ちし大根《おおね》」とあって、古墳期のころには木の鋤や木鍬が多かったのであろう。

しかし、鉄器文化が導入されると、耕作や、さらに新田の開墾や池溝の開発にあたって、第一に必要な鋤、鍬、斧《おの》、鎌《かま》などは、刀剣類と一緒にさっそく造られはじめたものと思われる。古墳出土の農具類をみると形状は弥生中末期のものと大差がないが、いくらか多岐にわたり、たしかに量産されていることがわかる。

そして鉄が貴重であったことを如実に物語るかのように、鍬にしても刃の部分だけを鉄でコの字形や馬蹄形に造り、木の床に装着して柄《え》をつけるような形のものになっている。鋤や馬鍬《まぐわ》も極力鉄を節約するような形に造られていた。

『播磨風土記』（奈良時代初期編の地誌）の美嚢郡《みなぎのこおり》志深里《しじみのさと》の条に、志深村の首《おびと》伊等《いと》尾《み》が新築の宴にうたった歌に「たらちし、吉備《きび》の鉄の、狭鍬《さぐわ》持ち、田打つがごと、手拍《う》て子等、吾は舞わん」という歌詞があり、小さな鉄鍬でも非常に貴重だったことが想像できる。鎌もあるが、ほとんど刃渡りが一〇センチ程度の小型のもので、柄の側が袋でなく若干折り曲げた形状にしてある。また、釘穴がないところをみると、石斧などとおなじように、木の柄をひき割ってその間に挟みこみ、蔓《つる》や紐を用いて装着したものであろう。

古墳期になると鉄製の工具類もふえ、また種類も多くなっている。木工具は弥生期から斧をはじめとして、手斧《ちょうな》、鉇、鑿などがあり、すこし遅れて古墳期に入ると、鋸《のこぎり》も使用されはじめている。

これらの発掘例をみると、いずれも鋳造品は見あたらず、鍛造で、形も建築用としては小型すぎると思われる。おそらく建築は丸木造りが主であって、大型建築の部分的な加工や装飾彫刻などに用いられる程度にすぎず、工具本来の用途は指物《さしもの》（木器製作）にあったのであろう。とくに鉇などは後世の神社縁起に現われているような、柱や梁を削ることなどはとてもできない小型のものである。

鋸は一例をあげると、有名な景初三年銘のある鏡を出土した和泉市の黄金塚から出土している。形状は長さ約一四センチ、幅三センチ、厚さ一・五ミリの短冊《たんざく》形で両刃になっている。おそらく縦びき、横びきの別があったのであろうが、それにしても、儀器でないかぎり、一・五ミリではよほど鍛造がよく、かつ焼き入れ技術も優れていなければ、木材を切る場合に曲がったり折れたりして使用できない。そうとうに工具の製作技術は進んでいたものと思われる。このほか細工用に使用されたと思われる小型の鉄製刀子《とうす》（ナイフ）は枚挙にいとまがない出土例がある。

鉄釘《てつくぎ》がいつごろから建築に用いられたかは不明であるが、『大殿祭祝詞《のりと》』に「引結める葛目の緩び」とあり、近世まで鉄釘を使用しない建築法が伝わっていたのであるから、よほどの宮殿でもなければ股木に藤蔓で十分ことたりたのではなかろうか。た

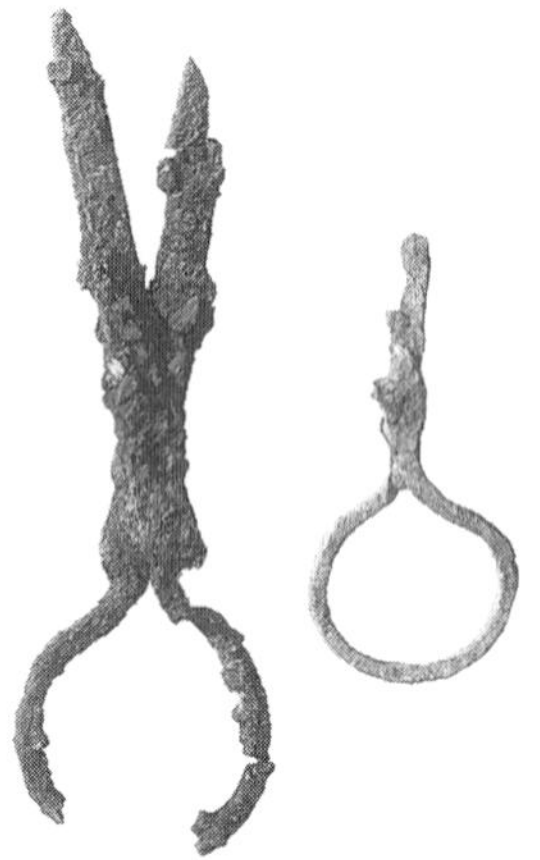
鉄製の鋏（左／奈良県珠城山古墳出土，右／群馬県高崎市出土，東京国立博物館蔵）

ぶん、切欠きによる柱組などが多かったであろう。

用途は違うが、千葉県木更津市にある末期の金鈴塚古墳でも木棺に使用された大型鉄釘および鎹《かすがい》が発見されているから、それに先行してもっと文化の進んでいた畿内では、おそくとも古墳中期ごろには釘が小量は使用されはじめていたであろう。

鍛冶工具では奈良県五条市の猫塚古墳、岡山県御津郡御津町や山口県熊毛郡田布施《たぶせ》町の後井古墳などより、鉄床《かなとこ》、やっとこ、鉄箸《かなばし》などが出土しているが、数は他の出土工具類にくらべると非常に少ない。

珍しいのは鉄製の鋏《はさみ》で、いわゆる握り鋏が二点出土している。写真の大きなほうは、奈良県桜井市の珠城山古墳からの出土品で、刃渡り一八センチ、握り環状部の直径が六・五センチである。この鋏は、発見された場所が垂仁天皇ゆかりの珠城宮跡と伝えられている土地である点から、そのころの年代のものではないかと推定されている。この鋏は、遊牧民の羊毛採取のために考案されたものがルーツと考えられる。用途からみても腰の強さが必要であり、高度の焼き入れが要求されるので、あるいは漢土より宝器として船載されたものかもしれない。同様な鋏は京都府福知山市の奉安塚古墳からも発見されている。

このように、鉄製農工具はいろいろなものがあるが、その発掘状況をみると岡山市東北の金蔵山古墳をはじめとして岡山県、京都府、大阪府に集中し、これについで群馬県、福岡県、長野県、山梨県など、地方文化の栄えた地域に多い。とくに岡山県の出土例が多いのは、この地が古代から吉備の真金とよばれた有名な鉄産地であることと思いあわせ、製鉄史を考えるうえで注目すべきことである。

なお、わが国における製鉄技術の発祥について、古墳期においてすら中期ごろまでは鉄は素材の形で輸入されていて、国内では造りえなかったと考えている人がいるようである。しかし、鉄器は弥生期からすでに使用されはじめており、しかもその後、続々と韓国より帰化人が移住しているのであるから、鉄を加工する鍛冶の技術を短期間に卒業し、さらに素材の鉄を造ることへと手を伸ばしていったものと考えられる。砂鉄にしても磁・赤鉄鉱にしても、比較的豊富な中国地方の山間部で、しかも銅を鋳造し鉄の鍛冶をやる人々が、鉄の製錬を、その後、何百年間も行なわないということはとても考えられない。

実証的には製錬遺跡の発見がなされなければならないが、おそらく集落を離れた地点で三〇ページに述べたような原始的な方法を用い、固定した炉をもたずに生産をしていたのであろうから、その発見はなかなか困難と思われる。だが、伝説の三韓遠征のようなことも、ある程度の鉄の生産があってこそ、はじめて可能なことになるわけである。

7　王朝の確立と製鉄の普及

古代国家建設と民衆の苦しみ

奈良時代の初期は、いわば古墳期の終末であり、晩期にあたる。ここでは大化改新前以降藤原末期までの、約二百五十年間にわたる製鉄技術の発達、鉄器文化の進展について述べてみよう。

大化の改新は、大氏族の専横をきたした氏族制社会のゆきづまりを、先進大陸の文化に刺激された、中大兄皇子《なかのおおえのおうじ》を中心とする革新派が、権力の座にあった蘇我《そが》氏を打倒することによって、一挙に改革し、古代天皇制国家を確立しようとしたものであるといえる。

改革の内容は、大化二年（六四六）の正月に発布された「改新の詔《みことのり》」でもあきらかなように、土地、人民のすべてを天皇の直属として国家の支配の下におき、人民は唐の均田法にならった班田収授《はんでんしゅうじゅ》の法による割り当てを受けるかわりに、租《そ》庸調《ようちょう》および徭役《ようえき》労働を義務づけられる立場におかれることになった。

だが、それも建前だけのことであった。豪族の間では宮廷での権力争いが絶えず、そのうえ組織にのりおくれた小豪族の不満も加わって、不穏な空気が漲《みなぎ》っていた。また対外的にも半島事情の緊張が加わって、政治は極端に不安な様相を呈していた。

このころの鉄器は、刀剣のほかは美術品としてはほとんど伝わっていないが、推古天皇十五年（六〇七）に創立され、その後、再建されたと伝えられている法隆寺の金堂に安置されている四天王像の一つ、多聞天像の光背に「鉄師𠝏古《まらこ》」の銘がある。木製のものにこのような記載があるところをみると、鉄師が鉄のみでなく、青銅の鋳造も行なっていて、この光背も彼の作なら美術品の木型を造る技術を応用したものと考えることができる。したがって、このころすでに、わが国に鋳鉄の技術が入りはじめていたものと考えて間違いないであろう。

和銅三年（七一〇）三月、唐の長安の都を模した平城京が完成し、二官八省五衛府の充実した行政機構と、大宝二年（七〇二）に施行された大宝律令によって運営される、平城京の時代がはじまった。

新しい奈良の都では、貴族たちはわが世の春を謳歌《おうか》していたが、六位以下の下級官人は生活が苦しく、ましてや一般の庶民は重い租庸調の税負担に悩んでいた。とくに徭役労働の過酷な徴発が乱用され、また重税のとりたてで食べるにもこと欠くありさまでであった。『万葉集』の巻五の、山上憶良《やまのうえのおくら》の作として有名な貧窮問答歌に「曲廬《まげいお》の内に直土《ひたつち》にわら解き敷きて、父母は枕の方《かた》に、妻子《めこ》どもは足の方《べ》に囲みいて憂え吟《さまよ》い、竈《かまど》には火気《けぶり》ふき立てず、こしきには蜘蛛《くも》の巣掻きて飯炊《いいかし》ぐ事も忘れて」とある。こうした生活状態の人々が、さらに苦しい徭役労働から逃れようと使役先から逃亡したが、その途中で餓死するようなことがしばしばあった。

組織だけは立派にできても、逃亡農民、浮浪人の発生が各地に相次いでおこり、民衆生活は破綻《はたん》し、形式だけの律令政治は崩壊のきざしをみせはじめていたのである。正倉院には多くの財宝とともに、このような農民の実情を物語る戸籍や、下級官人、たとえば写経生《しゃきょうしょう》の待遇改善を要求した文書や高利の借金証文などが残っている。

恩賞・納税に鉄を用いる

この時代には恩賞に鉄を与えることがあった。たとえば『続日本紀』によれば、大宝三年（七〇三）には志紀親王に近江の鉄穴《かんな》（砂鉄か鉄鉱石を採集する場所）を賜わり、天平宝字六年（七六二）には恵美押勝《えみのおしかつ》（藤原仲麻呂）にもやはり近江の浅井、高島二郡の鉄穴を賜わっている。

また、さらに養老の「禄令」によると、官人の季禄《きろく》とよばれる春秋に与えられた給与には、鉄製品の鍬が布などとともに支給されていて、位階によって正一位百四十個、正五位二十個、小初位五個というように、支給される数量が定められていた。

こうした事実は、鉄が流通過程に入りはじめて、貴重品、いわば現在のダイヤモンドとまではいかなくても、感覚的には黄金とほぼ同列の扱いをうけていたことを示すものといえよう。

こうしたことからみても、有名な三世一身法や墾田永世私財法が、美辞麗句をならべた名目だけのもので、その実質は貴族や大地主のためのものであったことがうかがえるのである。とくに大寺院は皇室の保護によって巨大な富と権力をもち、仏教政治となっていて、横暴はそのきわみに達していた。

一方、この時代は北辺の蝦夷《えみし》がしばしば侵攻したので、多賀城や出羽柵《でわのさく》などが築かれたが、彼らに兵器供給源を奪取される危険があり、そのために大事をとって文武天皇四年（七〇〇）の六月に「関市令」によって、東辺、北辺には鉄冶を置くことを禁ずる措置がとられた。これは中国法規の引用であろうが、この一例をみても、製鉄技術が相当広範囲にひろまり、蝦夷にまで普及していたことがわかるのである。

奈良時代末期の政治のゆきづまりを打開し、律令の完全な施行を期するため、延暦十三年（七九四）に平安遷都が行なわれた。平城京を上まわる規模の皇都が造営され、海外交流も遣唐使の派遣、渤海国《ぼっかい》、新羅との交流によって文化は大幅に進行した。したがって、鉄器文化も大きく進んだものと想像できるのであるが、文献的にはほとんど残されていない。

この時代は、皇室の基礎も固まり、政府機構もがっちり藤原氏一門の手中に収められて、政治の腐敗がはじまった時期にあたる。しかし、鉄の生産といった面からこの時期をみると、量産がすすみ、のちに述べるように、納税に鉄をもってするところが多くなり、製品もある程度豊富になってきたことは確かである。

製鉄のふるさと吉備中山

播磨《はりま》、美作《みまさか》、備前《びぜん》、備中《びっちゅう》、備後《びんご》のあたりの山中においては、古代から製鉄が行なわれていたらしい。

『播磨風土記』にみられる鉄に関する記載が非常に古い伝承、たとえば製鉄技術をもって韓国から渡来した天日槍《あめのひぼこ》という神の事跡について記していることも、その創始の古さを物語っているものといえよう。また造山、作山、月の輪、金蔵山などの巨大な古墳を築造した経済力も、その背景には大陸遠征のための兵器生産用としての鉄の増産と、それによってもたらされた富の蓄積があったからではなかろうか。

『日本書紀』（雄略紀）に記載されている吉備下道臣《しもつみちのおみ》前津屋《さきつや》の横暴や吉備上道臣《かみつみちのおみ》田狭《たさ》の反乱は、いずれも鉄による富の増大がもとになっているものと思われる。前項に述べた鍛冶道具の出土なども、これを裏書きするものの一つであろう。

たとえば、前記風土記には讃容《さよ》郡の条に、鉄産を非常に具体的に記して「山の四面に十二の谷あり、みな鉄《まがね》を生ず。難波豊前朝廷に始めて進《たてまつ》りき。見現しし人は別部の犬、その孫等ぞ祭り奉れる初めなりける」とあって、また敷草村の条では「この村に山あり、南の方に行くこと十里ばかり、沢の二町ばかりなるがあり、この沢に菅生《すげおい》たり。……鉄を生じ、狼、羆《ひぐま》住めり」と記し、同郡の金内川は鉄を出すのでこの名をつけたとも書いてある。

著者不詳の『凌雨漫録』という書物には、「石見《いわみ》、備中、備後の三国多く鉄あり、備中に真刀子《まがね》吹くという歌あり、延喜の御宇のころ真鉄の多く出たる証なり」と書かれている。ここで引用されている備中の歌というのは、催馬楽《さいばら》という民間の俗謡にその原形があり、『三代実録』によると貞観元年（八五九）十月の広井女王薨去《こうきょ》のところに、はじめてこの催馬楽の言葉がみえているから、おそらく奈良中期ごろには唄われていたものであろう。

この一つに「真金吹」という歌があって「まがねふく、まがねふく、きびの中山、おびにせる、ほそたに川の、おとのさやけさ、やらいしなや、さいしなや、おとのさやけさ、おとのさやけさ」という歌詞があるが、これが『古今和歌集』の編集にあたって、「まがねふく、きびの中山、おびにせる、ほそ谷川の、おとのさやけさ」と短歌形式に組みかえられ掲載されたものである。

古式によるタタラ吹きの図（金屋子神社蔵）

このころの鉄冶作業を表現したものには、前述『古今和歌集』の神あそびの歌に「纏向《まきもく》の穴師の山の山人と人も見るがに山かずらせよ」というものがある。この穴師の山は大和三輪の北に続く山で巻向山《まきむこやま》とも呼ばれ、地名からして採鉱民族が住んだと解釈される。その西麓にある穴師《あなし》坐《にます》兵主《ひょうず》神社の付近には鉄滓《てっさい》（鉄のカス）が出土している場所もあるが、ここに住んで製鉄または鍛冶のようなことをしていた人々は、すでに一般人とは隔絶した生活をはじめていたのであろう。階級差の幅が広がり、里人よりは一段と低い生活にあまんじていた、社会の底辺にうごめく金屋集団の人々のようすが想像できる。『東北院職人歌合』に「たたらふむ、やどりの烟に、月影の、かすみもはてぬ、有明の空」とあるが、たたらふむ番子《ばんこ》（送風労働者）の述懐にしては、すこし叙情的すぎるから、おそらく鉄山の話を聞き伝えた都に住む文人の作であろう。また「たのめしを、まつとせしまに、真鉄吹く、吉備の中山、跡たえにけり」とある。これも美文調で真相にはほど遠いが、それでも鉄山廃墟の実情の一端を伝えている。『金屋子縁起抄』でも三巻のタタラ吹き立てのおりの金屋子二神のタタラ歌に（これは『金葉集』から引用したらしい）「鶯の、啼くにつけても、真金吹く、吉備の山人、春を知るらん」という歌がある。

このように吉備の製鉄は、古墳期中頃、あるいはそれ以前に遡ることが十分考えられるのである。前掲『金屋子縁起抄』でも出雲の製鉄のはじまりについて、金屋子神が播磨志相郡岩鍋の地で、鍋釜などの鉄器を鋳造していたが、「西方に良き宮居あらんと白鷺に乗って出雲国の能義《のぎ》郡比田村に飛来し」ここに雲伯製鉄を創始したと記しており、播州地方が出雲よりもなおいっそう古いことをほのめかしている。

『常陸風土記』に書かれた鹿島の製鉄

大陸の中国では四世紀ごろ、方角や墓相などに非常にこだわる風水《ふうすい》の説が盛んになったため、一時、鉄山の稼《か》行《こう》を中止しなければならなかったほどであった。しかし、わが国では宗教が製鉄の操業にそれほど大きな影響を与えたことはない。茨城県鹿嶋市の鹿島神宮の神領で行なわれた鉄冶も、『常陸《ひたち》風土記』の記載では砂鉄を掘ったり薪炭材を切ったりしにくい程度で、操業にたいした支障はなかったようである。

前掲風土記によると慶雲元年（七〇四）に「国司の婇女朝臣《うねめのあそん》が占えて、鍛冶佐備太《さびのふと》麻呂《まろ》などを率い、若松浜の鉄を採って剣を造ったのであるが、この地より南へ軽野里と若松浜とにいたる間の、三十余里ばかりはみな松山であって、伏苓《ぶくりよう》と伏神《ぶくじん》とを産し年ごとに掘っている。そしてこの若松浦は、常陸と下総《しもうさ》の二国の堺なのであるが、この安是《あぜ》の海の砂鉄は、剣を造るのに非常によい、しかし香島の神山なので、むやみに入って松を伐ったり鉄を穿ったりすることはできない」とある。

この鹿島神宮は、『延喜式』の巻第九によると、全国で大社四百九十二座、小社二千六百四十座の中の大社に属し、常陸国大社七座、小社二十一座と記されているその筆頭にあたる神社である。『鹿島神宮略記』によれば、神武御東征のときに皇軍が難戦したおり、熊野高倉下命《たかくらじのみこと》という者がおつげにより、同神社の祭神武甕槌神《たけみかづちのかみ》の韴《ふつ》霊剣《みたまのつるぎ》を天皇に献じたために天皇の軍勢は大いにふるい、本邦平定の大事業を完成されたので、即位と同時に神恩を感謝して創祀されたと伝えられている。

この製鉄についての文面をそのままうけとれば、神領内で製鉄ができなかったわけでなく、「たやすく入りて」と記してあるから、信太《しのだ》の流海（霞ケ浦）の水が鹿島灘の南端へとむかって流れる川岸一帯の砂鉄や、現在の鍛冶台付近の薪炭材などをむやみに採集や伐採できなかったのであろう。しかし、全然できなかったのではなく、それは表むきのことで、神領であったためにみだりに個人で採集することが禁じられていた程度と考えられる。

また、発掘調査の面からみても、同社近辺には鉄滓出土地が多く、なかには近世のものもかなりあるが、古いものでは鍛冶台遺跡、桜町貝塚（この貝塚は縄文式土器片その他以降の各時代の土器残片を出し、耕作に適しないところから鉄滓捨場となっていた）などがあり、長い間にわたって操業していたのであるから、神道や仏教の影響はそれほど強かったとは思われない。製鉄の過程に宗教的要素が強く加わってくるのは、わが国ではむしろこの奈良・平安期以降になって、大陸の俗信がいろいろと民間の末端まで浸透されたのちに始まるものと思われる。

同時に筆者は、この記述を神社に隷属している部民雑戸《ざっこ》の製鉄活動を表わしているものではないかと考えている。前項に名前の出た厳美彦も刀剣の銘に「常陸住俘囚臣」としてあったというから、このあたりの神領に配置されていた技術奴隷的な身分の工人であろうが、身柄を拘束されていない、放浪の許されている自由のタタラ者なら、このような制約をうける場所にしいて定着する必要はなく、地理的にも少し南には砂鉄の豊富な九十九里浜の海岸が蜿々《えんえん》と続いているのであるから、より操業しやすい土地を求めて移動したはずである。

盛んであった南関東の製鉄

とにかく神領内で鉄冶は盛んに操業され、その技術はしだいに隣接の地域に浸透していき、周辺の砂鉄資源に恵まれたところには、飛び石的に製鉄技術が伝播し、やがて鉄器の自給が各地で行なわれていった。現在確証とまではいかないが、鉄滓《てっさい》出土地や古代地名からそれと想像されるものが少なくない。

その中でも、千葉県我孫子《あびこ》市の周辺には鉄滓出土地がいくつかあり、同市飯塚中学校校庭など、鉄滓出土地よりの伴出物から判断して奈良期以降四百〜五百年ぐらいの期間の遺跡と推定される。目下のところでは、まだまだ固定的な炉跡も発見されておらず、羽口《はぐち》（製錬炉の吹子口）などの出土もみられないので断定できないが、飯塚遺跡の場合は地形からみても、おそらく野タタラと称する山地の斜面を利用した、自然通風によって鉄冶が行なわれていたものであろう。

東南むき斜面の中腹地下一〇～二〇センチ程度の深さに鉄滓が分布しており、地形、方角などからもそのことが裏づけられる。鉄滓は形状からみてまだ溶融温度の低い還元鉄製錬の状態であり、部分的に粗雑な鉧塊《けらかい》を形成している。この我孫子という地名自体、鋳物の元祖ともいうべき旧河内丹南郡の中にあった村名であり、鋳物師が定住して集落を形成し名づけたものかもしれない。とすれば、我孫子で鉄冶が最も盛んに行なわれたのは平安中末期ごろのことであろう。

群馬県下も古くは毛国として文化の栄えたところであるから、調査したらおそらく原始的な製鉄遺跡が発見されるものと思われる。古墳期の項で説明したように鉄器出土の度数からみても、おそくとも古墳終末期、すなわち奈良時代初期には鉄冶が始まっていなければならないはずである。

もう一つ、製鉄技術の地方への普及を証する例をあげると、『常陸風土記』の茨城の条に「茨城国造の初祖、天津多祁許呂命《あまつたけころのみこと》は息長帯比売天皇《おきながたらしひめのみこと》（神功）の朝に仕えて、品太天皇《ほむだのすめらみこと》（応神）の誕《あ》れましし時までに当たれり。多祁許呂命に子八人有り。中男は築波使主《つくばのおみ》、茨城郡の湯坐連《ゆえのむらじ》等の祖なり」とあって、国造が鉄製品であるところの許呂をその名としている（許呂は初国所知《はつくにしらす》美麻貴天皇《みまきのすめらみこと》〈崇神〉の世に幣や大刀十口と一緒に献上された財宝〈大部分は鉄製品〉の中の一種で、おそらく鍛造用の半成品である）のである。

ところが『国造本紀』によって師長（神奈川県西部）国造についてみると、「茨城国造祖建許呂命児意富鷲意弥二国造二」と書かれてあり、おそらく鹿島の製鉄と関係ある人物が師長国造に配置されているのである。それと関係があるかどうかわからないが、神奈川、静岡の県境、石橋から北川にかけて約二十ヵ所に鹿島踊りと称する、タタラ歌まがいの古来の意味を忘却した舞踊が伝わっている。遅ければ平将門滅亡後の水軍四散などが影響しているのかもしれない。

のちに相州鍛冶や小田原釜の鋳造が盛んになったことを考え合わせると、すでにこれらの年代に遡って鉄冶技術が移植され、東伊豆でも稲取や宇佐美などの海砂鉄を使って、盛んに製鉄が行なわれていたとおぼろげながら推測できよう。横浜市本郷台の鼬《いたち》川流域も同様である。また、酒匂《さかわ》川（往時の丸子川）の川砂鉄などを原料として操業しはじめていたことも、江戸末期に盛況を示した鍛冶集落の先駆として、連想できる。

8　姿を消した銅製武器

帰化人と製鉄の新技術

奈良時代になると仏教の伝来にともない、いろいろな工人が帰化していて、そのなかには鉄工関係の人も多数混じっていた。

たとえば『続日本紀』によれば、元正天皇の養老六年（七二二）三月辛亥のところに「伊賀国金作部《かなつくりべ》東人、伊勢国金作部牟良《むら》、忍海漢人《おしうみのからひと》安得《あんとこ》、近江国飽波《あくなみ》漢人伊太須、韓鍛冶《からかぬち》百島、忍海部乎太須、丹波国韓鍛冶首法麻呂、弓削部《ゆげべ》名麻呂、播磨国忍海漢人麻呂、韓鍛冶百依、紀伊国韓鍛冶杭田、鎧作《よろいつくり》名床等」の七十一名が帰化したとあるが、彼らは雑工戸の扱いではなく公民として遇されている。全部の工人がそうした扱いを受けられたかどうかはわからないが、すくなくとも名のある技術者（僭称もあろう）は旧来の俘囚扱いとは異なって、技術の活用という政治的な目的であるにせよ、公民としてそれ相応に遇されるようになったことがわかる。

また、作金者（鉄冶）と鍛冶（加工）が分離されているところをみると、分業化の方向に進みはじめていたことが想像できる。しかし、この考え方は断定するわけにはいかない。「鍛冶《かじ》」ということばは「金打《かねう》ち」の転化といわれ、鍛造加工をさすものと考えられてきたが、それは現代の感覚であって、江戸期まで鍛冶は大鍛冶《おおかじ》と小鍛冶《こかじ》に分かれていた。大鍛冶は鉄冶に接続する半成品製作を担当し、小鍛冶は所要の鍛造品加工を担当していて、出雲のタタラ場では、銑鉄から庖丁鉄を造る工程を大鍛冶とよんでいる。したがって、もうすこし作業内容を広く解釈してよいであろう。とにかく、韓鍛冶《からかぬち》とよばれたこれらの人々は、畿内の周辺部に配置され、その技術をもって飛鳥《あすか》文化の鉄製品製作をになわされていたのである。

同じ『続日本紀』の称徳天皇の神護景雲二年（七六八）二月癸卯のところには、「讃岐国寒川郡人外正八位下韓鉄師《からかぬち》毘登毛人、韓鉄師部牛養」の名がみえている。これらの多くの製鉄人は、韓や唐の人々であろう。しかし、この毘登毛人なる者だけはどうもそれらしくない。竹内理三博士の説では毘登は官名の首《おびと》、毛人は夷とされているが、他の人々が雑戸の待遇をまぬがれた程度にすぎないのに、官位としては最低でも正八位下を贈られており、特別待遇をうけている。音読みにするとビトモジンで、たんなる人名ではなさそうである。

こう考えてくると、この時代にはすでに中国（唐）にインド人、ペルシア人、ロシア人などが来ており、チベット人やアラビア人も貢物をもって属国の礼をとっているので、これらの人々の中には利のあるところならいずこへでもと、足をのばして日本に来た人も何人かあったのではなかろうか。正倉院御物のスキタイ系やペルシア系文化の伝来は、品物のみでなく人間もいっしょに渡来したことを物語っているのではなかろうか。

天平八年（七三六）には遣唐使がペルシア人を連れて帰っており、また李《り》密翳《みつえい》などという人物の渡来もあった。朝廷ではこれらの人の新知識を導入するために授位したりして優遇している。鉄の技術者にも唐人や韓人だけでなく、こういった異邦人が入ってきていたのではなかろうか。

このような新来の帰化人たちは、新しい律令国家を建設するための技術を確保する目的で、従来からの工人を蔑視する考え方が改められ、年を追って身分を解放されて形式的には公民の資格を取得するにいたった。しかし、そのような帰化人技術者に対する宥和《ゆうわ》政策は、目先に迫った国分寺や大仏の建設工事に協力させるためのものであって、根本的に自由を享受させるためのものではなかった。

天平十六年（七四四）に「汝等の今負う姓は人の恥ずる所なり。故にゆるして平民に同じくせん」と宣して鍛戸（鍛冶屋）などの工人を昇格させたが、建設工事が一段落するとすぐに、天平勝宝三年（七五一）には経済的見地から「改姓を蒙るといえども本業を免れず」と職業の自由を認めず、ふたたび各官庁に隷属させている。これらの人々は、東大寺の大仏建立《こんりゅう》などにうまくおだてられて、利用されただけだったのである。

なお、古墳期あたりに早く帰化した工人や、先祖からうけついだ技術を伝えてきた日本人の工人たちは、このような新興国家としての文化の陰にあって、新人グループの勢力に圧倒されて影が薄くなり、部民として社会機構の最底辺にあって、貧しい生活水準で激しい強制労働に明け暮れていた。

また、これら新進の製鉄人たちは、位階は低くても当時の知識階級であった。養老五年（七二一）に明経《みょうぎょう》第一博士鍛冶大隅らの文人や武人に絁《あしぎぬ》、糸、鍬などを賞として与えた記録があるが、鍛冶の名を冠したこの博士などは、それが出身職業を表わしているものだとしたら、当時の上層製鉄人には相当教養の高い人々がいたことを示しているであろう。

とにかく奈良期の帰化工人たちは、職業が非常に広範囲にわたっており、著名な機《はた》織《おり》、製陶、仏工などのほか、熟皮工や大工のような人もあった。鉄冶の面でも鋳鉄製仏具の伝来とともに、その製法である踏吹子《ふみふいご》を使用した高温熔融法による銑鉄の流し取りとか、再加熱による脱炭法のような新しい技術をもった人々が続々と渡来したと考えてよいのではなかろうか。そしてこの技術が普及し、国産で鉄鉢《てっぱつ》など各種の仏具を鋳造するようになり、やがては鉄仏などまでも造れるようになるのである。

技術革新と鉄の量産

この時代の製鉄に関する記録としては、『日本書紀』の天智天皇の条に「同天皇九年（六七〇）に水碓《みずうす》を造りて鉄を冶す」との記載がある。この水碓なるものがどのようなものかはわからないが、『信貴山《しぎさん》縁起』によると農業用の水車の絵が描かれており、すこし時代は下るが、淳和《じゅんな》朝（八二三〜八三三）ごろには、諸国に令して農業用の水車を造らせているので、相当普及したことが想像できる。

しかし、これを製鉄にうまく利用していたかというと、製鉄の行なわれるのが秋冬の比較的渇水期であり、しかも日本の河川は短急流が多いからそれほど用いられることはなかったのではなかろうか。ただし『日本書紀』の記載では、はっきり水車を利用したというのであるから、使用されたとすればこれを石臼《いしうす》に連動させて、岩鉄鉱を粉鉱として溶融しやすい形にさせたものであろう。あるいは吹子の軸と水車のシャフトを連結させて送風したものかのいずれかであろう。鉄鉱石なら焙焼・粉砕というのが筋である。のちに江戸期に入ってのことではあるが、薩摩藩で水車に吹子を連結して鉄冶を行なった記録があるから、その原始的な形がこのようなものであったのかもしれない。そして、これが鉄鉱石製錬であったことは、日本の製鉄史を考えるうえで重要である。

現在、宮崎と鹿児島の県境辺のタタラ遺跡で、いわゆる壬申《じんしん》の乱の近江朝と関係あるかのごとき伝説をもっている土地がある。これはおそらく『日本書紀』に水車利用の製鉄に関する記事のあることを知って、後世になって付会したものであろうと思われる。

いずれにしても、このように製鉄技術が発達してくると、技術もより広く伝わり、各地で鉄が生産されるようになって、量的にも飛躍的な上昇を示したであろうことが予想される。こうしてできた製品は記録からみるとすべて貴族、豪族の独占するところであったらしいが、その徴集方法は中央集権体制の強化にともなって、早くも租税の品物として、組織的に取り立てられるようになっている。

たとえば『類聚国史《るいじゅうこくし》』（八九二年撰進、一八一五年刊本）によれば、大宝元年（七〇一）十一月に備後国（広島県）の神石、奴可、三上、恵蘇、甲奴、世良、三谿、三次などの八郡が調の品物を、糸でなく鍬鉄《くわがね》にしてもらいたい旨を申しでているが、このようなことは、山間僻地《へきち》の農産物に恵まれない鉄産地に多くあったらしい。つづいて神亀五年（七二八）四月に、美作国（岡山県）の大庭、真島の二郡も米の産出にとぼしく、運搬にも不便なところから、米を貢せず、そのかわりとして鉄を納めたいと願いでている。また延暦十五年（七九六）の八月には、備前（岡山県）の国における鉄の産出量が減退したことを理由に、租税として納めていた鍬鉄を、この年より廃止してほしい旨申しでている。

さらに『類聚三代格《さんだいきやく》』によれば、前掲の『類聚国史』の場合と同趣旨であって、同じことがらの重複ではないかと思われるが、延暦二十四年（八〇五）十二月七日には備後国の神石、奴可、三上、恵蘇、甲奴、世良、三谿、三次の八郡が山間にあって養蚕ができないので、絹糸のかわりに鍬鉄で許してもらいたいと太政官に陳上して許されている。このしきたりは『三代実録』によれば、貞観七年（八六五）にいたって、これらの地方が旱魃《かんばつ》となり、鉄が生産できず租税を免除された年まで、六十余年もの長い間続いたようである。

なお、庸調としての納貢量は天長十年（八三三）撰述の『令義解《りようのぎげ》』賦役令第十によれば、正丁一人あたり、鉄十斤、鍬鉄なら三口程度であった。この鍬鉄三口は現代なら二、三千円程度であろうが、これは当時、玄米で一斗半から二斗以上に相当し、生産性の低い山間部の貧農にとってはたいへんな重税だったのである。

このようにして鉄を貢納した国々は伯耆《ほうき》（鳥取県の一部）、美作、備中、備後、それに筑前（福岡県北部）などであった。

蝦夷経営と実用刀剣の量産

大化改新以後、国家の形態は急速に整ったものの、辺境には不穏な空気がたちこめていた。すなわち、東北には蝦夷《えみし》が、西南には隼人《はやと》が化外《けがい》の民（中央政府に服従しない土着民）として住み、統治に服してはいなかったのである。そこで、蝦夷経営に対しては中央政府はとくに意をそそぎ、国司を任命するにしても東北開発の施策にあたっても、蝦夷の動向を十分に考慮し、兵力の結集、柵戸の構築、宗教、贈位などの懐柔策と、できるだけのことはしていた。

しかし、それでも紛争は絶えなかったので、しばしば出兵をし、正史では斉明天皇の四年（六五八）に阿倍比羅夫《あべのひらふ》が、つづいて和銅二年（七〇九）、養老四年（七二〇）、神亀元年（七二四）、天平九年（七三七）と討伐がつづいた。その後、一段落したものの、平安期に入ると常駐兵力の減退につけこまれて、桃生城《ももう》（宮城県北部）が攻略されたことに端を発してふたたび動乱が激化した。延暦八年（七八九）、九年、

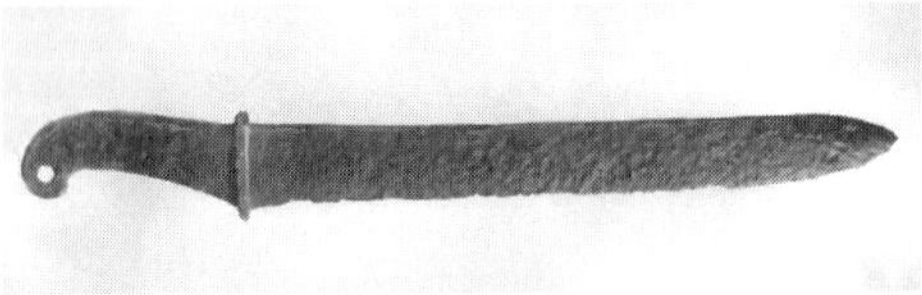

蕨手刀（総長48.5cm。東京国立博物館蔵）

十三年、二十年と出兵し、この延暦二十年には有名な坂上田村麻《さかのうえのたむらま》呂《ろ》が征夷大将軍として四万の軍をもって鎮圧している。それほど強豪だったのであろう。

蝦夷問題は苦心の末、嵯峨天皇の弘仁二年（八一一）には、いちおう収拾がついたようであるが、それもつかのまで、蝦夷同士の間でも分裂抗争が勃発している。このような状態が長くつづいたので、東北には柵戸程度ではたりず、多賀城（宮城県多賀城市）や秋田城、胆沢《いさわ》城（岩手県水沢市）など、本格的なものが造られ、その周辺に移住民を配置するとともに、相当の兵力を常駐させていた。西暦六九八年に独立した渤海国の人々が、貂《てん》の毛皮などを持って公私の交易を求め、しばしばわが国に来訪したのもこのころである。その一部が関与したと注目される製鉄遺跡が、宮城県白石市深谷字高野や荒井のものと推定される。

このような軍備のために全国から兵士が徴発された。大化二年正月の条にも「およそ兵は人身毎に刀甲弓矢幡鼓を輸せ」とあって、『令義解』「軍防令」などを考慮すると兵士は召集されるだけでなく、刀剣、矢のほか斧や鍬のようなものまで自弁しなければならないたてまえであった。したがって刀剣類の需要は予想以上に大幅に増加し、正倉院御物の黒作横刀とよばれているものの、もっと実用的な形の蕨手《わらびて》の刀などが、中堅クラスの軍士におおいに好まれて用いられていた。また、この当時の城柵内では、簡単な武具や工具は造られていたらしく、時代は前後するかもしれないが、多賀城の東四キロに柏木製鉄遺跡があり、城内に鍛冶遺跡もある。秋田県鹿角市の七館遺跡からは鉄釘や鉄小札とまじって、吹子口やるつぼが発掘されている。

こうして、実用的な刀剣がこのころから急速に生産されるようになり、形状こそまだ直刀だが日本刀出現の基礎が固まったともいえるのである。

なお、その裏面に韓鍛冶と大和鍛冶の激しい技術競争が生じたことも想像できる。大宝元年（七〇一）の『大宝令営繕令義解』によれば、「軍器を製作する者は皆その作品に製作年月、工匠名をタガネで切らなければならない」とされた。しかし、この法令自体、正倉院の御物などからみて、空文に終わったと考えられるが、当時としては技術競争を助長し、粗製乱造を防止するうえで、効果がなくはなかったであろうと思われる。

奈良時代の剣としては四天王寺蔵の国宝、丙子椒林剣をはじめ、正倉院に伝えられた金銀荘横刀、銅漆作大刀、金銀鈿荘唐大刀など多数のものがある。なお正倉院のものは天平宝字八年（七六四）九月の恵美押勝《えみのおしかつ》の乱のおりには、取り出されて実戦に使用されている記録があるから、実用的なものだったのである。この時代の刀工としては伝説的であるが、大和の天国、天座、筑紫の神息などがあげられている。

鉾《ほこ》や多数の鉄鏃《てつぞく》を装着した矢も正倉院には蔵されている。鉾は古墳期の銅戈から進歩したものであろう。また手鉾もあるが、これは実戦用の形ではないから、おそらく舞楽の用具ではなかろうか。鏃《やじり》は三千七百余本もある矢のうち、鉄製のものが大部分であるが、竹、骨のものもあり、銅製のものは完全に姿を消している。

なお、前出の「関市令」で東辺北辺に鉄冶を置くことが禁じられているが、これはすでに奈良時代の初めから、これらの地で鉄産があることを示すもの（鉄山は官で採掘しない場合は「雑令」によって名目でも、一般人の自由採取が許されていたから、各地で小規模に鉄冶は行なわれていた）であると同時に、蝦夷の反乱などに際して、彼らも若干の生産拠点をもっていたが、さらに大和朝廷側の工房が占領され、武器の生産拠点とならないように大事をとって禁止されたものである。

奈良の都の鉄器文化

奈良時代の鉄器の特徴は、前期からの引き続いた形式のもののほかに、海外交通の影響でもたらされた仏教用具をはじめ、大陸の年中行事などの制度を物語る異色ある品々である。

仏教関係では寺院建設に使用された鉄釘《てつくぎ》がある。奈良時代の代表的建築物といわれている東大寺三月堂（七三三年建立）の釘は、長さ一尺五寸（約四五センチ）の鍛造製品で、頭部は比較的小さく、別の金を座金状に巻いて力を持たせている。この寺院の当時の釘は五寸（一五センチ）程度の小さなものまでこの方式になっているところをみると、釘鍛冶の一つの鍛造形式であったものであろうかと思われる。

しかし、つづいて建立された唐招提寺に使用されている鉄釘は、角釘で頭部が造り出しになっており、ほぼ江戸時代の和釘のなかの皆折《かいおれ》釘を大型としたような形になりはじめているから、和釘の始祖といえるであろう。新薬師寺には柱と貫《ぬき》を固着した六〇センチほどもある大鉄釘が使用されていたというが、いずれにしても当時の建築構造はおおらかで大材を使用し、切欠きや枘《ほぞ》を使っていて仕口《しぐち》なども細かい細工をしなかったから、いきおい釘も小数の大きなものとなったのであろう。

ここで注意したいことは、これらの釘の金質がきわめてよいことである。これらを調査したデータによれば、法隆寺金堂の奈良時代製の釘は、炭素〇・一八、珪素〇・〇五、燐〇・〇二六、硫黄〇・〇〇五、チタン〇・二〇、銅〇・〇一パーセントである。のちに補修するのに使用した他時代の釘と比較してみると、腐食が少なく肌《はだ》の状況はもっともよいと報告されており、顕微鏡でみた組織もきわめて均一で、マクロ組織からは、平板状の鉄を巻きこんだように鍛造していることがわかる。

次に鉄鏡をとりあげなければならないが、この鉄鏡については、神器の八咫鏡《やたのかがみ》のことについて少しふれてみよう。『古事記』に「天安河《あめのやすかわ》の河上の天堅石《あめのかたしわ》を取り、天金山の鉄を取りて、鍛人天津麻羅《あまつまら》を求《ま》ぎて、伊斯許理度売《いしこりどめ》命に科《おお》せて鏡を造らしめ」と書かれている。このことから製造法は別として、材質は鉄であると平田篤胤以下多くの人々が主張した（『弘仁暦運記考』）。しかし、これらは文章の解釈にすぎず、年代からいっても神器の鏡は鉄製ではない。

鉄鏡は唐文化の盛行した奈良時代あたりに舶載されたか、あるいはわが国でも若干生産されただけのものである。筆者の見聞したものは崇福寺跡出土の唐草文金銅板貼鉄鏡、奈良県高市郡船倉山古墳出土のもの、正倉院所蔵の鉄漫脊鏡とよばれる鉄製円鏡、それに東京国立博物館所蔵の平安期のもの二面、新潟県余川古墳出土の小型鉄鏡程度である。

この鉄鏡について、青銅鏡や白銅鏡などと同じように製法を鋳造と考えているむきが多いが、前記のうちはっきり鋳造だと判断できるのは、余川古墳のごく小さなものの場合だけで、他はすべて薄片状に銹《さ》びており、鍛造製品と推測しているものである（『たたら研究』第十一号の小稿参照）。

なお、そのほか当代には仏教関係の器物として僧尼から飲食《おんじき》をうけるための鉢として、鉄製の応量器と称する鉄鉢があり、少数の鉄鐘、鉄磬《てつけい》（方響板《ほうきょうばん》）、三鈷《さんこ》杵《しょ》、錫《しゃく》杖《じょう》なども鉄で造られた。『大安寺伽藍縁起ならびに流記資材帳』によれば、同寺には鉄百五十六丁、鍬六百六十七口が蔵されており、鉄鏡や錫杖のほか僧房具として鉄炉や釜、鉄箸《かなばし》などがあったことを記している。

金銅鈕鉄鏡（奈良県高市郡船倉山古墳出土，東京国立博物館蔵）

唐草文金銅板貼鉄鏡（白鳳期。崇福寺跡出土，近江神宮蔵）
舎利荘厳具の一つである。鉄地に金銅板を貼ってあり，銀で周囲を縁取りしている。

年中行事の用具としては、正倉院の南倉に蔵されている、子日手辛鋤《ねのひのてがらすき》がある。これは鋤というものの儀器であって、弓なりに湾曲した木柄の頭を丁字形にし、淡紅色の地に蘇芳《すおう》で紅色に木目《もくめ》を描き、鋤先の部分は鉄で馬蹄形に成形してあり、漆下地《うるししたじ》をして、金銀泥で草花模様を書いてある。柄に「天平宝字二年正月」の文字があり、二組みのうち一組みは後代に鉄の部分を補修しており、外見ではよく加工された精巧なできである。これは一流の帰化工人に造らせた当代を代表する芸術品であり、同年の初子の日の農耕儀礼に用いられたものであることがわかる。

もう一つ、正倉院には大きな鍛鉄製の縫い針が蔵されている。古来中国で行なわれていた陰暦七月七日の乞巧奠《きこうでん》とよばれる星祭りがわが国に伝わり、奈良時代の宮廷でも行なわれていた。この縫い針はその祭りのときに、官女たちが針仕事の上達を祈って牽牛、織女の二星を祀った用具である。大針三本、小針四本あり、うち鉄製は前者一本、後者二本で、長さ三四・九センチと一九・五センチ、重さは箱の表書によれば大きな鉄針で二両三分小（約三〇グラム）と書かれている。和鉄の鍛造製で、胴の下部は楕円形、中ほどは円形、突部に近い部分は扁平な形に造られている。ルーツはチベットなどで羊毛袋の綴じ付けに使っていたもののようである。もちろん裁縫用にも使われたであろうが、それはもっと小さなもののはずである。

9　荘園経済をささえた鉄製農工具

荘園と鉄製農具

奈良時代には唐の均田法にならって班田収授の制度を採用したが、田地の不足から口分田《くぶんでん》が足りなくなり、これを補うために「三世一身法」や「墾田永世私財法」が発布されて、政府は新田の開墾を奨励した。しかし開墾を遂行するには、労働力とともに鉄製の鋤鍬《すきくわ》や種籾《たねもみ》などが多量に必要であるため、それが実行できたのは、当時の権力者であった貴族、大寺院、豪族、富農などにかぎられていた。

もっとも『続日本紀』によれば養老七年（七二三）の二月に農民戸ごとに鍬一口を支給して、農業の促進を図ったとしているが、おそらく、これは形式的なもので狭い地域にかぎられていたのではなかろうか。班田農民として自作農になったものの、それは中味のない文飾だけのことであろう。低い収穫量とあくことを知らない官人たちの収奪にすっかり疲弊《ひへい》し、農民として生きることすら放棄して、逃亡人、浮浪者の群れに加わるものも少なくなかった。

　これに反して、前述したような上級の官人に対しては、季禄としての大量な鍬の支給や、功労者に恩賞として与えられる鍬（たとえば葛野羽衝《かずぬのはつき》と百済土羅々女《くだらのつららめ》が、霊泉を発見した功により持統帝よりさまざまな品とともに鍬十口を賜わったり、大宝元年に右大臣阿倍朝臣御主人《みうし》は、数字が大きすぎて疑問もあるが、鉄五万斤、鍬一万口を給されている。また、丙辰《ひのえたつ》、有位親王より以下、進広肆にいたるまで、難波の大蔵の鍬を賜う。各差あり、との文献もある）があり、大寺院には資財帳に見られるような備蓄鍬（大安寺六百六十七口）などがあった。これらを総合して考えれば、荘園のような富の集積は貧困な農業経済を基盤としていても、起こるべくして起こったものということができる。しかも、その筆頭にあたる大荘園は勅旨田《ちょくしでん》という名の皇室所有のものであった。

　このようにして、平安時代に入ると新田が開墾されて全国の田畑は増加したが、社会機構の変化とともに、売買、寄進、賜田などが盛んに行なわれた結果、田畑の集中はますます激しくなり、荘園を形成していった。そしてこれら田畑の耕作には、直接農奴労働、寄作人労働によるか、あるいは荘園近傍の農民に小作させるかの方法が採られていた。また、もうすこし小規模な組織である名田《みょうでん》の発生も、このころと軌を一にしている。しかも、これらは不輸《ふゆ》不入《ふにゅう》（租税をとられず、監督されない）をたてまえとしていた。

こうして鍬は生産力として庶民の信仰対象となり、のちには愛知県北設楽郡東栄町のお鍬《くわ》さまのような、鋤鍬《すきくわ》を祀る神社まで出現するにいたった。

『倭名類纂聚』によれば、このころ使用された農具として、犂《からすき》、鋤《すき》、鍬《くわ》、鏄《さえずえ》（鋤の一種）、釟《かなかき》（熊手の一種）、鎌《かま》があげられている。また犂の先金だけのものもあったことが記載されている。もちろん、これらがどこででも使用されていたものではなく、進んだ農耕技術をもった荘園などで使用されていたものであろう。

なお、同書によれば農具ではないが、大工道具として鐇《まさかり》、斧、釿《ちような》、槍鉋《やりがんな》、鋸《のこぎり》、鑿《のみ》、鋘《もじり》、鉄槌《かなづち》があげられており、台鉋《だいがんな》はまだなくて、木材を平らに削るのは釿と槍鉋の役目であった。彫刻用の工具としては、刀子《とうす》（こがたな）、錐《きり》、鐫《くじり》（角きり）、造仏工の使用する鐁《なまそり》があげられており、鍛冶用具としては炭鉤《すみかき》、鎚《つち》、鉄箸《かなばし》、鉄床《かなとこ》、鋏刀《はさみ》、鉁《せん》、鑢子《やすり》、鑽《たがね》などがあった。これらの大工道具の使用状況や形状については、『春日権現験記絵』などに写実的に記録されている。

庶民にはほど遠かった鉄

豪農でも鉄製品をどんなに大切にしていたかを示す歌が、能登の国歌にある。「梯《はし》立《たて》の熊来のやらに新羅斧　落し入れわし懸けて懸けて勿泣《な》かしそね　浮き出《い》ずるやと見んわし」というのであるが、力あまって泥海に鉄斧を落としてしまって、失望落胆しているありさまが目に見えるようである。

古来、平安時代でもとくに延喜、天暦の時代は善政のしかれた時代とされている。しかし、『延喜格式』が制定され、『古今和歌集』が勅撰され、各地の『風土記』が集大成されたにしても、また乾元大宝が鋳造され経済流通がいくらか円滑になったにしても、これらは表面的なことにすぎない。

この時代は戦乱こそなかったが、『扶桑略記』や『日本紀略』に記述されているように、群盗が横行し、百姓は蜂起して、国司など多くの高官が私邸を焼かれ、暗殺の難に遭遇している。また政治も権力と結びつき、上から下まで官人たちは収奪を思いのままにしていた。時代はこれと前後するが、貞観八年（八六六）には有名な応天門の変があり、永延二年（九八八）には、尾張国守藤原元命《もとなが》が地元百姓により酷政を訴えられている。両事件はあまりに有名な例だが、この時代はこんなことの連続だったのである。これでも、いわゆる「延喜・天暦の治」（九〇一～九五七）だったのであろうか。

このような政治の腐敗が工人の生活にも反映しないわけがない。律令によって伴部《ともべ》の下に品部《しなべ》、雑戸として政府機構のうちに所属していた工人も、技術を売りさえすれば、社寺や貴族の工人として生活できる賃金を得られたので、逃亡するものが多くなり、朝廷はいたしかたなく雑戸の解放と官庁機構の整理を行なっている。たとえば、天安二年（八五八）には左京職に、鍛冶戸、百済品部戸などの計帳は有名無実で、事務の繁雑をきたすだけとされて、廃止が申請されている。

このころから、鉄も含めて諸物資の流通が円滑になりはじめており、平安時代末期には完全に工人から職人へと脱皮している。なお、流通は座の発達にともなって広範になり、独立した商人の発生を見るが、鉄製品についての座は、元永元年（一一一八）に東大寺に設置されたことが文献に記述されている。

鍛冶の行政組織

万葉時代の貴族には、それでもまだ成長期の官人としての若々しい意欲があった。製鉄や鉄器に関する文献の記載も、伝え聞いたものを書きとめたものであったと考えられるが、推測にしても実態に近い表現をしている。

しかし平安時代になると、藤原氏一派は権力を独占して栄華にふけり安逸《あんいつ》になれて、遊惰な日々をすごしていた。したがって鉄山関係の話を聞いてもたいした興味を起こさず、また、記載する場合にも表現形式にこだわって、実情からは遠いものにしてしまっている。であるから、この時代の鉄器文化を知るには生産行政の側から見るのと同時に、儀礼化した年中行事、定型化した社会生活を反映した文学作品などから、末端の使用状況をとらえたほうが、その真相がよくわかるのである。

まず、皇居の御用鍛冶について調べると、延長五年（九二七）に撰進された『延喜式』第三十四の木工寮《もくりょう》の制度によれば、鍛冶戸は合計三百七十二戸で、刀剣、農工具をはじめ鉄板製の人形、釘、鎹《かすがい》にいたるまで、毎年十月一日から翌年の二月末日まで交替勤番で生産させられていたようである。そして、これらの素材は、全国から貢された鉄を大蔵省が管理していて、必要に応じて木工寮を経由して、たとえば鍛冶の場合には二尺三寸（約七〇センチ）の金装大刀一口に鉄を四斤（『弘仁式』には十斤五両とある）といった具合に、各司に支給していたのである。このころの鍛冶は箱吹子を使用していなかったとみえて、吹皮用の牛皮が支給されている。また『延喜式』の内匠寮《たくみ》の項で、瓜割刀子の材料にたんなる鉄でなく、堅鉄と断っているのはいかなる理由であろうか。貴重な高炭素の鋼を、刀剣にするというならわかるが、このような物に用いるというのは腑に落ちない。

このように上級官庁に隷属して、鉄器生産に従事した工人機構には、鍛冶司《かぬちのつかさ》のほかに典鋳司《いもの》、兵司《つわもの》などがあった。そしてこれらの工人を管理する組織は、鍛冶司の場合は、正《かみ》、佑《じょう》、大令史《だいさかん》、少令史が各一名、鍛工二十人、使部十六人、直丁一人を置き、それに鍛戸若干が所属していた。また、典鋳司の場合も正から少令史までは各一人で同じ構成であるが、雑工は十人、使部十人、直丁一人、それに雑工戸若干であって、いくぶん組織が小さくなっていた。

彼らの官位は『大宝令』の「官位令」によると、これらの司の長である正が正六位、佑で従七位、大令史、小令史で大初位程度の待遇であるから、司の長といってもあまりよい地位ではない。

当時の官制では従五位と正六位の間には大きな開きがあり、正六位以下は位田、位封、位禄、資入もなく、ただ季禄だけが支給される下級官人なのである。まして雑工にいたっては、その実質は技術奴隷であった。官位についての例外として、延暦八年に韓鍛冶首広富が、大領正六位下から従五位下に昇格したが、彼はそのためには稲六万束を献じていたのであった。いつの世も変わらぬ買官運動である。

このころの鉄製品の主要な産地は、藤原明衡の著した『新猿楽記』に記載されている。それによると、越前（福井県の一部）の鎌、但馬《たじま》（兵庫県の一部）の鉄、播磨（兵庫県の一部）の針、能登《のと》（石川県の一部）の釜、河内《かわち》（大阪府の一部）の鍋、備後（広島県の一部）の鉄などが著名であった。そのほかにもいろいろと鉄製品が豊富になっていたことは、紫式部、清少納言などの著わした文学作品からもうかがうことができる。以下、これらの平安文学に現われた鉄製品を少しひろってみよう。

平安文学に現われた鉄製品

『堤中納言物語』の「よしなしごと」の条に「けぶりが崎に鋳《い》るなる能登鼎にてもあれ、待乳《まつち》河原に作るなる讃岐釜にもあれ、石上《いそのかみ》にある大和鍋にてもあれ、筑摩《つくま》の祭に重ぬる近江鍋にてもあれ、樟葉《くすは》の御牧《みまき》に作るなる河内鍋にあれ、いちかとりにうつなる鍑《さがり》にあれ、とむ片岡に鋳るなる鉄鍋《かななべ》にもあれ、飴鍋にもあれ貸したまえ」とある。これらの中には近江鍋のように陶製のものもあって、鉄製かどうかわからぬものもあるが、それにしてもずいぶん各地で鋳造されていたものである。とくに大和と河内は盛んであったらしく『主計式』によれば、調に鍋をおさめている。

『宇津保物語』には鋳物師と鍛冶の作業状況を記している。それによると鋳物師の作業場は、「これはいもじの所、男子ども集り踏鞴《たたら》踏み、物の御形鋳などす。銀、黄金、白鑞などをわかして旅籠《はたご》、透箱、割籠《わりご》、餌袋、海、山、亀など色をつくして出だす」とあり、当時の鋳物師は素材によって分かれておらず、この文章からは、金、銀、銅、鉄、なんでも用いて鋳造していたようである。

鍛冶の作業所については「ここは鍛冶屋、銀、黄金の鍛冶二十人ばかりいてよろずの物、馬、人、折櫃《おりびつ》など造る」とあって、鍛冶屋本来の仕事である刀剣や農工具などのことにはまったくふれていない。このあたりに、前にも述べた平安時代の文学の技術的内容に対する表現の限界がある。

しかし、鉄器加工技術が相当発達していたことは、わが国の輸出品に刀剣が相当量あり、また藤原冬嗣などの勅撰した『弘仁式』の「賜蕃客式」によれば「出火鉄十貝」とあり、玉髄などの火打ち石といっしょに鉄製の火打ち金が含まれていることでもよくわかる。

平安朝時代の華美な生活に、香は切っても切れない必需品となったが、その香の材料をひくのに石臼でなく小さな鋳鉄製の臼が使用されていたとみえて、『源氏物語』「梅枝《うめがえ》」によれば、「内にも外にも繁くいとなみ給うに添えて、かたがたにえり整えて鉄臼の音耳かしがましきころなり」と書かれている。

そして栄華の夢もはてたときは、『狭衣物語《さごろもものがたり》』巻三によれば「尼になりなんと思い給いて、櫛《くし》の箱なるはさみを取り出で、髪《かみ》かいこして見給うに」と、鋏《はさみ》や剃刀《かみそり》が登場してくる。奈良県当麻寺《たいまでら》に残っている中将姫が使用したと伝える、折樋の剃刀などが知られている。

　また、富の集中は錠《じょう》や鍵《かぎ》の必要も生じたのであろう。『源氏物語』「朝顔」には「こほこぼと引きてじょうのいたく銹《さ》びにければ明かずと憂うると云々」とある。

　おなじ『源氏物語』「東屋《あずまや》」にも、「見し人のかたしろならば身に添えて、恋しきせぜのなでものにせん」とあって、人間の罪やけがれを人形が一身に負って流される宗教行事があって、大部分のものは紙製であるが、高貴な人は金銀で箔押ししたもの、それにつづく人は鉄のものを用いていた。『延喜式』の鍛冶司の作品の中にある鉄偶人、あるいは鉄人像《まがねのひとがた》というのはこの人形のことである。

『紫式部日記』に「つごもりの夜、追儺《ついな》はいと疾《と》くはてぬれば鉄漿《かね》つけなどはかなきつくろいどもすとて」と鉄漿つけのことが記されている。これは五倍子《ふし》蜂《ばち》が白膠木《ぬるで》に分泌した液を集めて、これを粉末としたものに、さらに鉄粉を混ぜて造った歯を染める材料である。

　小々おかしな叙述がされているのは『枕草子』で、一四四段の「名おそろしき物」の項に「あおぶち、谷のほら、はらいた、くろがね、つちくれ」などが列挙されている。ここで鉄《くろがね》が恐しいというのは、鉄山鉄屋地獄や鉄車鉄衣地獄のような、恐怖心をあおられる宗教的表現からきたものであろう。

10　鋳鉄技術の発達した鎌倉・室町時代

天下御免の鋳物師稼業

鎌倉時代から室町時代にかけては、鋳物の生産技術が非常に発達した時期である。鋳物業者の系譜をみると、神話時代は別として、河内丹南に天命白置《てんめいしらぎ》明神なる鋳物《いも》師《じ》が孝霊帝時代に居住し、その子孫が代々鋳物師として業を伝えたのが初めであるとされている。

その後、文武天皇の大宝三年（七〇三）になると、朝廷お抱えの鋳物師に、国家の重器を造る職であるからというわけで、藤原の姓を賜わっている。いっぽう当時の技術は、元明天皇の和銅元年（七〇八）にまとまった銅の鉱石が武蔵国で発見されているから、銅鋳物の技術の進歩とともに鉄鋳物の技術も、鋳型の造り方などはほぼ同じ方法であるから、相当すすんだことが予想される。こうして、技術が発達してきた鋳物師たちは集団をつくり、座を形成するようになった。そのさい、さらに集団の権威を高め、作業を有利に行なうために、一つの「創作」を行なった。この創作が、いわ

手取り釜（一路庵善海のものの写し，旧御物。東京国立博物館蔵）

ゆる『鋳物師《いもじ》由来書《ゆらいしょ》』である。

この由来書は、鋳物師の権威と伝統、そして特権を明示したものである。後世、多数の写しをつくり、河内の鋳物師はみなこの古文書をもって全国に散り、各地で鋳物業をひろめていった。現代流にいえば同業組合のはしりである。この一例として、禁裏蔵人所の鋳物支配であった真継家の御蔵真継兵庫助久直が、同家に伝わっていた由来書を書き改めたという古文書を要約してみよう。

「七十六代近衛院の時代に宮廷にあやしい風が吹き、そのため天皇が御病気になられたので、加持《かじ》、祈禱《きとう》といろいろやったが、その効果がなかった。そこで、河内国丹南の鋳物師天命某に命じて、鉄鋳物の灯籠を造らせたところ、怪風にも火が消えずそのため天皇の御病気も平癒せられたので、天命を改めて天明とし、国家の重要な器物を生産する職であるから、藤原と名のるように御下命があり、宮廷に出入りを許され、そのうえ河内の天明系以外のものの鋳物渡世を禁じられた」というものである。ここに原料入手の自由、営業渡世の自由、居住の自由をもつ、鋳物大工から脱皮した天下御免の鋳物師のはじまりがみられるのである。

茶道と鉄鋳物

堺の僧、一路庵善海が、日常一個の手取《てと》り釜《がま》を愛用し、これで茶もわかせば飯も炊くといったように、万事に兼用させ、「手取めよおのれは口がさし出たぞみそかす炊くと人にかたるな」と唄っているが、こんな釜こそ当時の煮炊き道具を代表する姿だったのであろう。そしてこのような釜に、茶道の発達から人々が万金を投ずるようになり、いろいろと数奇《すき》をこらした高級品が造られるようになった。

この釜の製造には大きく三つの流れがある。天命、芦屋、京都がそれで、他にも名産地があるが、それらは以上三つの分かれが多い。次に、これらのそれぞれの特色について、京都釜座の西村家でも随一の上手《じょうず》といわれた西村道治が、元禄十三年（一七〇〇）に著わした『釜師之由緒』その他の文献によって簡単に紹介しよう。

天命釜　天命釜を鋳造した場所は『太平記』に出てくる下野《しもつけ》天命宿《しゅく》とされ、現在の栃木県の佐野である。沿革的には桓武帝の天応元年（七八一）に、鋳物師が河内より移住したとも、平将門が起こした天慶の乱のときに、軍器を鋳造するために従軍した河内の鋳物師藤原国明の子孫が金屋寺岡の地で始め、やがて治安三年（一〇二三）に鋳師入に移り、さらに三転して永保年間（一〇八一～八四）に春日山の西北に移住したともいわれている。ここで鋳造された釜が天命釜で、天明の文字を用いられるようになったのは、小堀遠州公の改名によるものだと伝えられている。

なお、この流れでは天猫と呼ばれる小田原釜があるが、一説にはこれは相模の小田原ではなく、下野の大田原だともいわれる。そのほか、この流派をまねて各地で小規模に造られたものを関東作《づくり》とよんでいる。新田義貞も榛名《はるな》神社に鋳鉄製灯籠を奉納しており、日光の輪王寺には宇都宮住人大工大和太郎の銘のある文明二年（一四七〇）の鉄多宝塔がある。また鎌倉時代の奈良西大寺には藤原宗安の銘がある弘安七年（一二八四）の鉄宝塔が、阿弥陀寺には建久八年（一一九七）のものがあり、いずれも国宝である。宇都宮の清巌寺にも正和元年（一三一二）の鋳鉄製塔婆がある。こうしたことから鉄鋳物が全国的に盛んだったことが知られる。

芦屋釜　天明とならび珍重されている釜で、筑前国（福岡県）遠賀郡岡の港の南方にある芦屋町で造られたものである。その起源は土御門《つちみかど》天皇の建仁年代（一二〇一～〇四）に、栂尾明恵上人《とがのおみようえ》が鋳造させたとも、後宇多天皇の弘安年中（一二七八～八八）のことともいわれ、あるいは応永年代（一三九四～一四二八）に菅真如良なるものが伝えたともいわれている。とにかく、その創始は漠然としていてあきらかでないが、考古学的にみると金属製錬技術導入の門戸であったこの地域であるから、なんらかの形で相当古くからあったのではなかろうか。以上のように芦屋で鋳造が始まったとされる年代は、茶の湯の流行で製品名がクローズ・アップされはじめた時代ではなかったろうか。

なお、この芦屋の流れにも類似のものがあり、越前芦屋、伊勢芦屋、播州芦屋などがある。また博多の鋳物師は鍋とともに釜を造ったが、この釜がのちには芦屋と混同されてしまっている。

京都釜　京都も古くから鉄製品の鋳造が行なわれており、有名な鞍馬寺には、平安時代の作である鉄の宝塔がある。釜については同地で鋳造された釜を京作り釜とよんでいる。権力者が天下を平定すると、それにともなって茶の湯の普及により需要もふえ、生産が盛んになった。とくに辻、西村、名越の三家が有名であって、その門弟は全国各地に散り、それぞれの地で鋳造品を生産した。

『京都坊目誌』によると、釜座について「釜座は京都における金属類中鉄を鋳造する者の蝟集《いしゅう》する地にして、ここに工場を設け、タタラ機械を置く。数百年より綸旨《りんじ》、教書《きょうしょ》を賜い、公許せられる専業なり、これを座《ざ》という」とある。

このことから、年を経るにしたがって鋳物業者らが株仲間《かぶなかま》を組織し、工場制手工業

鋳鉄製鰐口（天正20年。東京国立博物館蔵）

与次郎鋳鉄灯籠（宮城県松島瑞巌寺蔵）

の形を整え、前記由緒書のような特権を発揮して盛んに鋳造を行なっていたことがうかがわれる。『釜師之由緒』によれば、織田信長の釜師で、紹鷗《じょうおう》好みの釜を鋳造した京都三条の釜座所属の西村道仁は、信長より天下一の称を与えられている。彼は鉄鋳物をよくし、在銘の代表的な作品をみても、文禄二年（一五九三）、山形県羽黒山麓にある橋の鉄製擬宝珠《ぎぼし》、慶長十一年（一六〇六）京都寺の内大宮東妙蓮寺の鉄灯籠などを鋳造している。

豊臣秀吉のころにも同様に、のちに天下一となった辻与次郎のほか、弥四郎、藤左衛門などがいた。とくに与次郎の釜の特徴は羽落《はお》ちと焼き抜きにあり、羽落ちは利休の好みによって、真形羽釜《しんぎょうはがま》の羽を金槌で落としたもので、与次郎以前にもそれに近いものはあるが、その部分が薄い点で違っている。また焼き抜きは京作り釜の特徴となっているが、鋳上げた釜を再度、炉のなかに入れて火を通すことでこの過程を経たものを本釜といい、独特の味わいが出るものである。この与次郎も鉄鋳物では秀《ひい》でており、天正五年（一五七七）には、京都の本能小学校跡地にある鉄鉢を鋳造していて、慶長五年（一六〇〇）には豊国神社の雲竜灯籠も造っている。

南部の鉄鋳物

以上の三つについで人に知られている鉄鋳物に南部鋳物がある。前九年の役（一〇五一〜六二）ごろには、東北でも相当鍛冶が進んでおり、平泉《ひらいずみ》文化の建設には鋳造、鍛造の技術も少なからぬ貢献をしていたであろう。古文献『千葉弥太右衛門勤功書《かき》上《あげ》』によれば、永禄年間（一五五八〜七〇）に千葉土佐という者が、備中吉備の鉄山師千松大八郎、小八郎の両名を招き、鉄冶技術を習得してここで操業をしたことが記されている。もっとも、これは鋳造というよりも製鉄である。しかも、その存否については異論もある。ここでは、郡山市や水沢市の鋳物史を無視することはできない。

また、南部鋳物の祖とされている京都の鋳物師釜屋五郎七、小泉清行の両名が南部侯に招かれて鋳造を行なったのは、万治二年（一六五九）といわれている。しかし実際には、その始まりは相当古いものらしく、『提醒紀談《ていせいきだん》』（一八五〇年刊、山崎美成著）によれば「陸奥国なる塩竈《しおがま》の祠に鉄の灯籠あり、火ぶくろの蓋の形笠の如し、和泉三郎の奉納するものといえり、鉄灯の頭に切りて文字あり、しかれども秀衡和泉三郎文治三年（一一八七）わずかによまるるのみなり」とある。今日、塩竈神社の社頭にあるものは後補されており、胴部と台座のみが古いものである。

有名な南部鉄瓶《てつびん》は、かつての手取り釜のようなものが進化したもので、現在の形のものが生産されるようになったのは、江戸時代末期とも、明治時代になって盛岡の有阪右衛門により金気止めが考案されて後ともいわれている。いずれにしても、あまり古いことではない。

茶の湯は室町時代中期の東山時代に珠光《じゆこう》が出て確立され、これが堺の富豪の間で流行するにおよび、器具に千金を惜しまぬようになって、急に芸術的な作品が続出した。信長も戦力充実の資金源として堺を確保し、商業重点政策をとるにおよんで、この付近で茶会を再三催しており、家臣にもこれをならうものが多かった。したがって恩賞にも茶釜が用いられ、信長は秘蔵の古天明の姥口茶釜《うばぐちちゃがま》を柴田勝家に与えている。

不動明王など鉄製仏像の出現

青森県津軽十《と》三湊《さみなと》の南、明神池付近から何百という鉄仏が出土しているが、鉄仏もはじめは日本で造れず、輸入されていたようである。しかし奈良時代になって、帰化人の造仏工や鋳造工の渡来により本格的な鋳鉄の技術が伝わると、仏像も鉄で造られるようになった。はじめは護持仏や掛け仏のような小さなものだったであろうが、だんだんと大きなものが造れるようになって、鎌倉時代にいたり、その技術が完成したものと思われる。

現在残っている有名な作品をみると、

神奈川県鎌倉覚園寺　鉄不動明王像　（推定、平安末期・願行上人作）
神奈川県大山大山寺　鉄不動明王像　（推定、鎌倉初期・願行上人作）
東京都府中市善明寺　阿弥陀如来像（胎内仏とも）　建長五年（一二五三）
群馬県善勝寺　阿弥陀如来像　仁治四年（一二四三）
栃木県西方町薬師堂　薬師如来像　建治三年（一二七七）
愛知県長光寺　地蔵菩薩像　文暦二年（一二三五）
愛知県法蔵寺　地蔵菩薩像　寛喜二年（一二三〇）

などがあり、愛知県下にはこれら鎌倉時代の二点のほかに、室町時代に鋳造された鉄製地蔵が市内に四点、郡部に三点ほど保存されている。

この時期に鉄仏を造ることが盛んになった理由について、古文書もなく、はっきりしたことはわからないが、筆者は、一般の僧が仏像を刻んだように、密教系のいわゆる法印《ほういん》や山伏《やまぶし》の中に、仏像を鋳造したものがあったのではなかろうかと考えている。

小型の仏像から始まった鉄仏の鋳造は、火炎の中に憤怒《ふんぬ》の形相ものすごく、いっさいの悪魔を調伏《ちょうぶく》せんとして立つ不動像にはうってつけのものであり、鐘や法具を鋳造したこれらの修行者の集団が、先達《せんだち》の監督のもとに鋳造作業を行なったのではなかろうか。

初期のころの鋳造作品の肉の厚み、構図を簡略化して湯流れをよくした姿態などから、そのように考えることができる（法印や山伏が鋳造を行なったことは、江戸時代に入るとそれと思われる話も残っているが、古くは各地に伝わる半僧坊の伝説がよくこれを物語っている）。

また、この点については想像だが、造仏にさいして魂を入れると称して、なんらかの方法で死者の人骨でも湯の中に投入すれば、大部分は鉄滓《てっさい》となってしまうが、燐分などその中のごく一部は湯に混じって鋳肌《いはだ》をよくする効果があるから、経験的にそんなことが行なわれていたかもしれない。

なお、時代が下れば乱世殺伐な世の中に生きる庶民の願いをこめて、施主の資力で仏像が造られ、それにともなって専業の鋳物師も鋳造を行なうようになり、専門的な技術を生かして原料の鋳物砂や銑鉄を精選し、複雑な構図の優美なものが造られるようになったことであろう。

その場合、青銅仏では菩提《ぼだい》を弔うために遺愛の鏡などを加えているが、鉄仏を鋳造する場合には、熔融温度の関係で、戦闘などで折れ曲がった遺品の刀などがあっても、これに加えることは不可能であったと思う。せいぜい伸ばして芯金《しんがね》に使う程度である。

鉄製経筒（東京都足立区西新井出土，東京国立博物館蔵）

このように鎌倉から室町時代にかけて、高温熔融の技術が非常に発達し、鉄製品は以上にのべたような鋳造品のみならず、鍛造品も多数生産された。用途からみてあまり適当ではないと思われるが、平安期の経筒のようなものまで、上の写真のほか大宰府でも出土した例があり、すでに鉄でも造られるにいたっていた。

鉄の量産と流通機構の確立

鉄製品をはじめとする各種の商品は、平安時代末期になると特定の商工業者によって座の制度が確立され、大寺院や荘園の庇護のもとに特権的な取り引きをするようになった。

しかし、まだまだ高価なものであり、『庭訓往来《ていきんおうらい》』によると鎌倉時代に入っても、建築にあたって鉋《かんな》や鋸《のこぎり》などの工具や釘、鎹まで材料を用意して自家で製造しなければならなかったほどであった。『宇津保物語』には、源《みなもとの》　涼《すずし》の祖父神奈備《かんなび》種松《たねまつ》の紀伊国牟婁《むろ》郡にあった八丁四方という大邸宅の模様を記しているが、その庭内には大炊《おおい》殿、酒殿、織物所、染殿、擣物所、作物所などがあり、そのほかに鋳物師所や鍛冶屋もいて、男女数百人がそれぞれの仕事に従事していたようすを書いている。創作としての誇張はあるにしても、この当時の豪族は事情が許せば鉄製品まで自家製造していたのである。

田堵《たと》とよばれる大農などにとって、鉄製農具はなによりも貴重であり、農業経営の基本資材とされ、相続財産の一つにもなっていた。したがって、農具の盗難や破損はたいへんなことで、量産されはじめてはいたものの、まだまだ貴重品だったのである。

『三箇院家抄第一』に記載されているような、鍛冶や鍋の座で鉄製品が流通機構に乗っていたとはいえ、その絶対量は微々たるものだったのであろう。関東の雄北条氏康ですら小田原城の補修用釘鎹の入手には苦心したとみえて、伊豆国田方郡の鍛冶八郎左衛門あての永禄十一年（一五六八）の記録が残っている。

やがて、天下を統一した織田信長は、商工業政策として荘園や大寺院などによる座を否定し、これに代わるものとして楽市楽座《らくいちらくざ》のシステムを作った。信長は、商品の生産、流通については従来の座衆（座に所属する商工業者）のほかに新しい商人や製造業者も参加させ、旧来のしきたりにとらわれない自由な取り引きをさせるとともに、経済機構を重視した城下町を建設し、商工業者をこれに組み入れて城主支配の強いものとした。

これにならって秀吉や他の大名もこの方針を採用したので、地方商人の擡頭とその都市進出にともなって、全国各地の城下に鍛冶町や金屋町が発生している。このような流通の変化は、山中にあって鉄の製錬をする金屋たちにも、少なからぬ影響を与えたことと想像される。そして鉄鋼関係は領主の最も必要とする特殊産品として保護されれる傾向となり、旧来の座は廃止されたかわりに、今度は規模を大きくし形を変えて、株仲間といった新しい組織が造られていったのである。

ところが、蒙古の来襲以降、為政者が兵器生産の重要性を認識し、刀剣などの製造のために鉄鋼の増産が要請されるにおよんで、各地で鉄の大増産がはじまった。その結果、『菅谷鉄山旧記』によれば、文永年間（一二六四〜七五）には、それまで金屋たちが長年の勘にたよって野天で操業していたものを、上屋を造って室内操業を行ない、天候に左右されないようにし、炉形も吹子の改良とあいまって大型化するほどになった。

そこで、この期を境として生産は上昇し、鉄は各地に出荷されるようになった。出雲には日御碕《ひのみさき》の社家小野氏を通じて鉄を購入する船舶が続々と入っており、『上杉文書』によれば、越後の柏崎では入荷する鉄に対し若干の税を賦していたようである。

こうして鉄は需要拡大を背景に流通過程に乗り、相当広範に出荷されるようになった。しかし、それでもまだ高価なもので『毛利文書』によると、明応三年（一四九四）に鉄荷一駄に対して二十文の通過料を取っているが、一駄は江戸時代で約三十貫（約一一二キロ）であるから、一一二キロに対して税が永楽銭二十文とすると、鉄そのものは相当な価格である。

11　日本刀の輸出と鉄砲の伝来

御番鍛冶と日本刀の完成

奈良時代に入ると、刀剣の需要がふえ、五畿七道に刀鍛冶が散在し、各地で鍛刀してそれぞれの流派を固めはじめた。つづく平安時代には、武家の擡頭にともなう私兵の増加、中央の大寺院における僧兵の備蓄などによって、刀剣の需要はさらに増大した。平安時代には日本刀製造の技術が完成しており、形状も奈良時代の直刀形式から、現在見られる「そり」と「しのぎ」のある日本刀の形へと移っている。

たとえば、源頼光が大江山の酒呑童子《しゆてんどうじ》を切った伯耆国（鳥取県）安綱作の名刀「童子切り」や、狐《きつね》に相鎚をうたせて造ったという三条小鍛冶宗近の「小狐丸」などは当代を代表する傑作である。そのころ以降、数度にわたる東北蝦夷の鎮圧、前出の平将門の乱、藤原純友の乱、刀伊《とい》の来寇などをへて、実戦という点から刀に対する改良が加えられ、直刀から彎刀《わんとう》への変化なども見られて、造刀技術は大幅な向上をとげた。

このころ、日本刀と鉄との関係を刀鍛冶がどのように考えており、また、どのよう

タタラ吹き（『日本名物山海図会』より）

に処理してきたかは、秘伝の陰に隠れて知ることはできないが、『本朝鍛冶考』（一七九五年刊、鎌田魚妙著）によれば非常に研究されていたらしく、「我国刀剣の鍛法、古代のその伝、あるいは深く秘して滅び、あるいは伝有りといえどもその人無くして多年黙止す、今鍛工秘書に記されたところによれば、伯耆国安綱、備前一文字以下数十工、粟田口久国、吉光等、来父子、備中青江、貞次、相模国行光、正宗、貞宗、広光助貞、越中義弘、則重、出羽国月山、筑前左定行、大和当麻尻掛、千手院手掻保昌等その用うる鉄の出る所より造れる法の次第皆照々たり、備中鍛工は国の鉄、相州は鎌倉浜砂鉄を用う、粟田口は宍《し》粟《そう》千草出羽鉄なり、皆口伝に存せり」とある（素材面では、自家製鉄、産地工人との特約などがあったかもしれない）。

つまり各流派によって山砂鉄や浜砂鉄製の鉄が、それぞれ秘伝として用いられていたのである。

なお、この中世にいたって鍛刀が盛んになった理由としては、戦乱による需要の増大とともに、もう一つの理由として御番《ごばん》鍛冶の制度をあげなければならない。この御番鍛冶というのは、たいそう刀を好まれた後鳥羽上皇が、全国からすぐれた刀鍛冶を選んで月番を定め、院内で鍛刀をして、士道の高揚をはかったものである。その刀鍛冶は『観智院本』によれば下記のとおりである。

一～二月　備前則宗　備中貞次
三～四月　備前延房　粟田口国安
五～六月　備中恒次　粟田口国友
七～八月　備前宗吉　備中次家
九～十月　備前助宗　備前行国
十一～十二月　備前助成　備前助近

この構成には異説もあるが、とにかく備前鍛冶が七名で過半を占めており、その勢力のほどが想像できる。また上皇みずからも刀を鍛えられ、『尺素《せきそ》往来《おうらい》』（一六六八年刊、一条兼良著）によれば、菊の御作として十六菊の紋をすえさせられたといわれている。

鎌倉時代からの日本刀の足どりを見ると、蒙古来襲の影響も大きく、このころの刀は一般に長大で実用一点張りのものが多くなっている。南北朝時代も国内の戦乱を反映して、特大の野太刀《のだち》が出現し、山賊の絵にあるような大ダンビラを背負って戦場をあばれまわるのが流行した。

日本刀を明へ大量輸出

やがて室町時代ともなると、戦乱も一段落し、外貨と唐物を獲得するための見返りとして、日本刀は明国《みん》への重要な輸出品となり、一本いくらの価格に応じた、粗製乱造の品が氾濫《はんらん》した。この製作には東大寺、興福寺などの僧兵用の刀剣供給を目的に発達していた奈良鍛冶が主流となっていたらしい。

数量をみると、たとえば永享四年（一四三二）の遣明貿易船が積載した日本刀は三千五十把であり、一四三四年には一万三千把、一四五一年には九千九百把、一四六七年には一把二千五百文で三万把以上、一四七六年には値下がりして一把千八百文で七千把、さらに一四八六年にはただの一把六百文で三万八千六百十把を輸出している。明の孝宗の代になるともっとひどく、持ち込み規定、価格規定を制定して買いたたき、一五一一年には七千九百八十把を持ち込んだが、持ち込みの規制により、三千把を一把三百文で買う、と言いだされて紛争を生じている。それでも天文八年（一五三九）にはさらに二万四千百五十二把を輸出している。

この数字から見ても、明国へこの当時十万本以上の刀が輸出されている。外国の珍しい武器とか芸術品を買うといった考えではなく、倭寇《わこう》の襲来を防ぐために日本刀を日本から根こそぎ買い取ってしまう、というような異常な買いつけである。これは、刃物に転用したともいわれている。これらをあつかったのは、大内船とか天竜寺船とかいわれている勘合《かんごう》貿易を許された船で、瀬戸内海の鞆《とも》港（福山市）などから船出していた。

鉄砲の伝来と国産への歩み

日本に鉄砲という名が知られたのは、元寇、つまり文永十一年（一二七四）に蒙古軍が来襲したときがはじめてであり、当時は「鉄炮《てつほう》」とよばれていた。しかし当時の鉄砲は、元軍が放射した震天雷《しんてんらい》のような爆弾にあたえた名称であり、今日の鉄砲とはだいぶ意味が違っている。当時は鉄砲といっても、その範囲が異なっており、中国では爆弾、大砲、わが国では大砲、小銃などに使用されていたもので、文献に鉄砲と記

火縄銃

述していても、どういうものであったか判断に苦しむことが多い。

この鉄砲を実際に手に取ってみたのは天文十二年（一五四三）八月二十五日で、種子島《たねがしま》の西之村という浦に異国人百余人が漂流してきた時のできごとといわれている。

さいわい、この漂流民の中の一人に隣国の明の人で五峯（華南の人でポルトガル語の通訳）という者が乗船していた。この人と村の庄屋が筆談したのち船を赤尾木の港に回漕して、同島の領主兵部丞時堯《ときたか》、子息織部丞時正と船長の牟良叔舎《ムラシュクシャ》、喜利志多佗孟多《キリシタタモウタ》の二人に会見させた。そのときに、日本人ははじめて鉄砲を手にしたというのである。

南浦《なんぽ》文之《ぶんし》の『鉄炮記』（慶長十一年〈一六〇六〉刊）によれば、五峯は和寇の首領王直《おうちょく》で五島の海賊だといわれているが、それはさておき、そのときに異人両名は鉄で造った二、三尺（六〇〜九〇センチ）ばかりの火器をもっていて、薬を用いて鉛《なまり》の玉を飛ばし、百たびうって百たびまで当てるのに、領主は感心してその火器二挺を買い、その製作を家臣に命じたのであった。

元来、種子島は砂鉄の産地でもあり、古来から小規模とはいえ鉄の生産があったところなので、その鉄砲を手本にして地元の鍛冶職八板金兵衛によってただちに製作がはじめられた。その中心人物として、構造の研究や火薬の調剤にあたったのが、篠河小四郎であった。彼らが製作にあたってもっとも苦心したのは、螺釘《ねじくぎ》の扱い方と製法であったというが、これも翌年、同島に入港した異国船の砲工によって教えられ、その製造法を習得した。こうした技術習得の裏面には鉄砲鍛冶八板金兵衛の娘若狭が製法を聞き出すために、異国人船長の妾にならざるをえなかったというような犠牲がはらわれたとのことである（これらについて、近年、おかかえ文士の作品でフィクションであるともされている）。

そのころ紀伊国（和歌山県）根来《ねごろ》の法師杉の坊という者が種子島を訪れて、鉄砲一挺を譲り受けて研究し、これまたどうにか製造できるようになった。また、和泉国の堺の浦に住む商人橘屋又三郎という人も、一、二年のあいだ同島にとどまって、製造法を研究したと伝えられ、彼は製造技法を習得したのち、堺に帰って鉄砲鍛冶をはじめた。それはちょうど戦国動乱の時代であったから、彼はたちまち有名になり、のちにはおおぜいの門人を養成したので、人々は彼のことを鉄砲又とよんだ。このようなことから、堺は貿易港としてだけでなく、わが国の鉄砲生産地としてクローズ・アップされるにいたった。

以上の話がわが国の鉄砲伝来についてのいわば通説であるが、『西海巡見志』（一六六七年稿、編者不詳）によると、津田某が入唐《にっとう》して鉄砲の製法を学び、帰国後これを広めたという説もある。そして、慶長二年（一五九七）には『稲富流砲術秘伝書』などが書かれているから、鉄砲の操作法もすでに十分に研究され、武芸の一つとして広く認識されていたことがわかる。日本への鉄砲伝来を記した外国の文献としては、一六一四年にリスボンで発刊されたピートンの『廻国記』があるが、それよりもポルトガル人ガルバンが一五四二年に書いたといわれる『世界新旧発見史』のほうが日本の鉄砲記とよく内容が合っていておもしろい。

とにかく戦国の世なので、鉄砲は各地の大名から続々と注文が殺到して、鉄砲鍛冶の技術は全国に広まった。鉄砲鍛冶の地元の種子島では八板金兵衛、紀伊国根来寺では芝辻清右衛門などが有名になり、また近江国国友村の国友鍛冶（京都粟田口の刀鍛冶から鉄砲鍛冶に転向）も著名であった。国友村の鉄砲鍛冶は慶長十二年（一六〇七）に国友寿斎以下四十名が居住しており、信長は伊勢の長島攻撃のために、ここで六匁（二二・五グラム）玉の鉄砲五百挺を製造させて使っている。

『和漢三才図会《わかんさんさいずえ》』（正徳二年〈一七一二〉、寺島良安編）によると鉄砲は鳥嘴銃《ちょうし》、あるいは鳥銃といわれて、日本から中国に伝来したと記述し、また、天正十四年（一五八八六）には対馬《つしま》国主宗義智《そうよしとも》が朝鮮に鳥銃を献上し、朝鮮における鉄砲の始まりになったと記している。始まりかどうかは別としても、もし鳥銃を献上したとすれば、わが国ではポルトガル人から技術を学んだ数年後には、すでに国産の緒《ちょ》についていたのであろう。

新兵器の登場と戦法の変化

新兵器・鉄砲に対する評価はさまざまで、新威力と見るものと、性能の点で戦術としては不便だと見るものとがあり、導入に力を入れる大名と入れない大名があった。そのなかでも、はやくから鉄砲の実用性を高く評価して、その充実に力を入れていたのが織田信長であったといわれている。

信長は幼少のころから、この新兵器に興味をもち、ひそかに鉄砲の確保をはかるとともに、その操作法を家臣に命じて習得させていた。そして元亀元年（一五七〇）、朝倉、浅井の連合軍を鉄砲を用いて江北の姉川に破り、その効力を確認した。つづいて天正三年（一五七五）、摂津の石山本願寺攻めを行なったが、このとき破竹の織田勢の前に本願寺側は甲斐《かい》（山梨県）の武田勝頼に援軍をたのんだ。そこで勝頼は三河（愛知県東部）に軍をむけ、信長は家康と協同して長篠《ながしの》にこれを迎え撃ち壊滅的な打

１貫500匁玉大筒（慶長16年，堺鉄砲鍛冶の芝辻理右衛門助信作。口径９ cm，長さ313cm。靖国神社遊就館蔵）

撃を与えた。このとき織田軍によってはじめて鉄砲の集団射撃戦法が採用され、足軽たちの放つ三千挺の鉄砲が、甲州流軍学で鍛えられた大軍を一敗地にまみれさせ、その威力を実証し、その後の戦闘法は急速に改革されていった。

ひきつづいて信長は、石山本願寺攻めと並行して、明智光秀、羽柴秀吉を将とする西国攻めを行なっていたが、そのころ毛利の精強な水軍が大坂湾に来襲して信長の兵船に焼き討ちをかけたことがある。そこで、信長もこれに対抗して熊野の水軍（九鬼《くき》水軍）をあてたが、毛利の水軍は鉄砲や火矢《ひや》を用いるので、織田方では新造する船に鉄板で装甲をほどこしてこれを防いでいる。だが、本格的な装甲船は文禄の役（一五九二年）に、朝鮮で名将李舜臣《りしゅんしん》が採用した亀甲船《きっこうふね》をもってはじめとする。

のちに秀吉のころになっても、九州に遠征した羽柴秀長と島津義久の戦闘では、鉄砲の数が戦いの勝敗を決定する有力な要因となったといわれている。しかし、鉄砲は高価であり、小型の六匁玉の銃で米九石、三十匁（一一二・五グラム）玉の銃になると四十石もしたため、各大名ともこれを千挺程度もそろえることはたいへんなことであった。

鉄砲の生産がすすむとともに、大砲も大石火矢とか大筒《おおづつ》とよばれて造られるようになった。『大友興廃記』によると大砲は天正十四年（一五八六）以前に九州豊後に伝わり、同年の臼杵丹生島の戦いではじめて使用されている。このような結果、堺でも国友村で生産され、秀吉も二百匁（七五〇グラム）玉の大筒二門を造らせて信長に献上しており、国友鍛冶は関が原の役の前に徳川家康の命をうけて大砲十五門を完成している。

この大砲鋳造用の鉄は明人鄭舜功の『日本一鑑』によると、日本産では質がもろいので、シャムや福建方面から輸入していたと記している。だとすると、次に述べる南蛮鉄は徳川家康に献上されるよりも相当前から、まとまった量のものが入荷されていたことになる。

前ページ写真の大筒は東京靖国神社境内に残っているもので（現在は遊就館に移された）、慶長十六年（一六一一）三月、芝辻理右衛門の作で、口径九センチ、長さ三一三センチ、一貫五百匁（約五・六キロ）玉を発射する大口径砲である。幕末にいたって反射炉で鋳造してもなかなかうまくできなかった大砲が、すでにこのころりっぱに造られていた技術水準には驚くほかはない。

火薬の炸裂《さくれつ》する力で鋳造された砲身が破損する場合も多かったであろうが、破損されずに残っている当時の大砲を見ると、おそらく、銑鉄で鋳こまれた砲身は、再度、火の中に入れられて周囲を脱炭させ、砲身の全表面を鍛造して、不完全ながらもその組織が複合層のようになっていたのではなかろうか（その後、新日鉄・佐々木稔先生の科学的研究により鍛造と決定されている）。

釘鎹製造名目の太閤刀狩り

刀狩りは、わが国では古くは大化改新のおりに行なわれたともいわれ、さらに、安貞二年（一二二八）に鎌倉幕府の北条泰時が、つづいて仁治三年（一二四二）に北条経時が実施した前例がある。また、柴田勝家は越前（福井県）で天正四年（一五七六）に一向一揆の所持した刀を集めて農具の鍬鋤に造りかえ、また、鉄鎖として九頭《くず》竜《りゅう》川の船橋を造るのに使用している。

このような前例にならって、秀吉も何度か刀狩りを実施し、武力の削減をはかっている。最初は、天正十三年に織田信長が紀州の根来寺《ねごろじ》および雑賀《さいが》の僧徒を攻めた経験で、寺院に武器を持たせることの弊害をさとり、高野山に全山の武器を供出するように命じている。つづく二回めは、平定したばかりの紀州太田村の百姓を対象として、土一揆を防ぐために刀狩りを実施している。このほか、大和の多武峯《とうのみね》や山城の鞍馬寺などでも天正十六年（一五八八）に実施している。そのときの「諸国百姓刀狩りの令」とは、次のようなものである。

(一)　百姓が武器を持つ必要はない。よって所持をいっさい禁止する。これらを持つことは一揆の原因となり、やがてみずからを滅ぼすもととなる。

(二)　武具類は没収しても、それらは無駄にはしない。鋳潰《いつぶ》して方広寺の大仏殿を建立する釘、鎹《かすがい》に再生し、百姓たちはその功徳《くどく》で現世来世とも救われるであろう。

(三)　百姓は刀や鉄砲のことなど考えず農耕に専心していれば、子孫繁盛はまちがいないのだ。

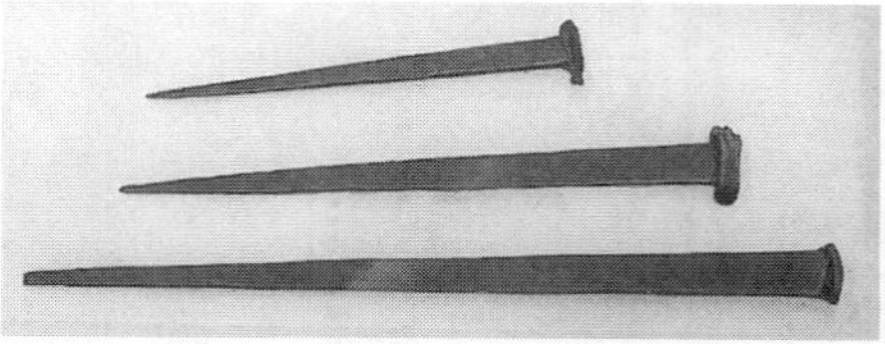

方広寺大仏殿の鉄釘（東京国立博物館蔵）
刀狩りによって得た刀を打って造った釘

こうして、天正の検地によって耕地に定着させられた農民は、刀狩りの結果、さらに兵農の分離を促進させられることになった。農民はかならず農村に居住し、農村に居住していた武士は城下町に集められた。そして農民や寺院は武力を失い、封建的な身分制度が確立され、社会秩序の維持がはかられたのである。

しかし、刀狩りが全国的には成功しなかったとしても（実際に九州の島津藩などでは引き延ばしたあげく、形式的に供出したにすぎなかった）、とにかく、釘、鎹を造るためと称して刀剣類を強制的に集めることが、名目としてでも通ったのは、強圧と同時に、やはり当時の供給不足がちな鉄鋼事情を反映していたのではなかろうか。

このころは、天下を統一するための財源として鉱産物は貴重であったから、各所で採鉱冶金が行なわれており、武田信玄によって天文十年（一五四一）に諏訪《すわ》鉱山では鉄鉱石が採掘されたといわれている。

12　南蛮鉄の流入

徳川幕府へ鉄を献上する外国人

外国産の鉄がポルトガル人によって紹介されたのは、和鉄の生産が本格的になり、十分ではないにしてもわが国の鉄鋼需要の大部分が、これによって満たされはじめたころであった。

時は桃山時代から江戸時代へかけての過渡期であり、天下はなんらの伝統をもたない新興武士勢力のもので、旧来のすべての伝統やしきたりにいろいろな面で反発がなされていた。刀剣鍛冶においても同様で、各地の城下町で乱立し、城主の保護のもとに各自各様の技が競われていた時代である。

このようなときに外国産の鉄が紹介されたのであるから、一流一派をたてようと野心にもえた刀工は、争ってこれにとびついたことであろう。また、大名などの需要者側における舶来品崇拝熱も高かった。これらが両々あいまって、空前の南蛮鉄ブームが出現したものと思われる。

もっとも、南蛮鉄は珍重されはしたが、それがはたして良質の鉄であったかどうかは、のちに述べるように疑問である。それにもかかわらず、江戸時代に南蛮鉄が一時期、好んで用いられた理由は何だったのであろうか。

それは、この時代には銑《ずく》または鉧《けら》の小塊を火窪《ほど》で半熔融し脱炭させたのちに、鎚打ちして鉄滓《てっさい》を搾出除去し、錬り鉄を造る卸《おろ》し鉄法《がねほう》が普及していたので、熔解しやすい南蛮鉄を刀剣鍛冶や甲冑鍛冶たちが和銑や鉧塊《けらかい》とまぜて使用し、あたかも南蛮鉄だけで造ったかのようによそおっていたからである。

フェルフーヘンの『航海記』によると、慶長十六年（一六一一）の八月、オランダ館長のジャックス・スペックが、南蛮鉄を徳川家康に二百個、そして徳川秀忠と本多正純に百個ずつ、その他の贈り物とともに献上している。またイギリス館長のコックスの日記によれば、元和七年（一六二一）の五月二十三日に長崎県平戸のイギリス人とオランダ人が共同して幕府の使者に棒鉄を二把贈り、その翌日には有馬侯（松倉豊後守）にも一把献上している。このように、江戸時代の初めには鉄が（輸入品にかぎられたであろうが）、金銀に準ずるような贈答品として扱かわれていたのである。

この南蛮鉄は、水心子《すいしんし》正秀《まさひで》が門人のために文政四年（一八二一）に書いた日本刀鍛錬の伝書『剣工秘伝志』の巻之上に「しかるにこの品近来は渡らざる故、若き輩にはついに見ることもなきようになるべし」と記されているように、慶長から元禄ごろにかけて、主として使用されていたようである。

南蛮鉄流入の途絶は寛永十年（一六三三）の鎖国令によってポルトガル人などの来航が禁止されたことが直接の原因である。これによって刀剣鍛冶などは南蛮鉄をほとんど入手できなくなってしまった。しかし鎖国令後も数十年間にわたり、これを利用して刀剣が鍛造されていた。ここからも、いかに南蛮鉄が一時期大量に輸入されていたかがわかるであろう。

南蛮鉄の形状と品質

南蛮鉄の形状は三、四種類に分けることができるが、代表的なものはひょうたん形であり、ひょうたん鉄の別名でよばれている。写真は長さ一五センチ、胴部のいちばん幅の広い箇所約五センチ、もっとも厚い箇所の厚さ約二センチ程度のもので、鉄素材としては考えられないような小さい鉄塊である。また当時、同じ南蛮鉄とよばれていたもののなかには、このひょうたん形のもののほかに、楕円形や棒状のものもあった。それらも、形状から木の葉鉄とか短冊鉄とよばれていた。

本品を技術的にくわしく解明した文献には、故俵国一博士の『日本刀の研究』所載の南蛮鉄についての論文がある。

さて、鉄の質はわが国の和鋼に比較して、平均炭素分が若干高く(断面から見て炭素分は内側と外側で不均一であり、銑状のものの周囲が脱炭した状態になっており、その平均値では若干高い程度となる)、とくに燐分は〇・一パーセントを越えていて、平均して和鉄の約十倍近い値となっており、いちじるしく高い感じがする。また硫黄分も若干高い。したがって、南蛮鉄は日本刀をはじめ刃物用として、それほど良質の鉄であったとはどうみても考えられない。

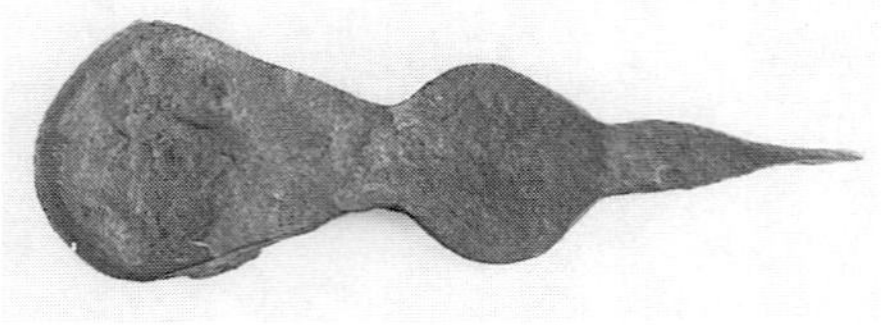

南蛮鉄（和鋼記念館蔵）

貞享元年（一六八四）に大村加卜が著した『剣刀秘宝』によれば「日本の銑《ずく》のごとき鉄なり」とし「オランダ人朝鮮人さして来る剣を多く見けるに、みな銑卸《ずくおろ》しのごとき鉄にして打ちたり。焼刃もあれども、なめくじりの虫ののたれたるがごとくあるなり」と述べている。加卜は異国人が日本刀を望むのをみて「異国に刃鉄あらば、なんぞこれを望まん」と考えており、南蛮鉄をけっして上質とは考えていない。

さらに、この南蛮鉄の品質について、『剣工秘伝志』巻之上に「南蛮鉄には銅気多し、予考うるに、これは鋼に銅を加えて吹きたるものなり、外科道具または時計錫鉄など、わが国の鉄よりも強し、ゆえに南蛮鉄は少しずつ赤めて打ち伸ばし用うるなり。また、少し焼き過ぎたる時は崩れて用いること能わず、一説に、オランダにては、竹の炭にて鉄をわかすといえり、また焼刃を渡すに、油の中に入るるという事あり」とある。

同書にいう竹の炭を用いたことが、事実かどうかはわからないが、基本的には燐分などの多い岩鉄鉱を原料として、高温熔融法で造った鉄の塊を、さらに加炭剤として生木や木の葉を加えていつぼの中に入れ、五〜六時間、強熱精錬し、適宜の大きさに固めて可鍛鋳鉄のようにしておいて、周囲から加熱しつつ鍛造して、現在残っているような形のものとしたのであろう。

外周が非常に乱雑に叩かれて南蛮鉄特有の形状をなしているにもかかわらず、切断面の芯部に鋳造時の凝結状態がはっきり残っている点からも、前述のように考えられる。このことから、低温還元して造った日本古来の和鋼の鉧塊《けらかい》による鍛造法とは異なり、南蛮鉄の加工は直接鍛造する場合には非常に扱いにくかったものと想像される。

ただ、和鉄で卸《おろ》し鉄《てつ》法をするよりも、南蛮鉄を用いたほうが熔解が早く、便利だったに違いないことは、分析結果からほぼまちがいないところであろう。

南蛮鉄の原産地

この南蛮鉄の生産された土地については、はっきりしたことはわからない。しかし、この鉄が有名なダマスカス刀の鋼質とほぼ一致するところから、おそらく同刀の原料産地であるインドのマイソールやコロマンデル沿岸のサレムを中心に生産されていたウーツ鋼ではなかろうかと推測されている。なお、同じ南蛮鉄でも、前述したような木の葉形のものは呉鉄とよばれており、その名からして、華南のものを想像させるが、華南のものをポルトガル人が運んできたものか、あるいは他国の製品を長崎へ唐人が持ちこんだものか、そのあたりははっきりしていない。

いずれにしても、輸入の最盛期には商売にぬけめのない華僑《かきよう》によって相当運びこまれたらしく、森岡南海太郎朝尊が嘉永三年（一八五〇）に著した『刀剣五行之論』には「支那より渡りしひょうたん鋼、南蛮鉄、同ずく」とあり、「この性のもの日本ずくに類したるもの。鎚の当たりはかたけれども焼刃の上はいたって和らかなるものなり」と記されている。

また、ロシア鉄、オランダ鉄などとよばれていたものもあるが、これらも原産地によるる名称ではなく、それぞれの外国人がもたらしたものを、そうよんでいたにすぎないのである。

いずれにしても水心子は卸し鉄製造の便利さは知りながら、その品質についてはロシア刀の質などを引用して、否定的立場にたち、結論として「然れども彼の鉄は我国の鉄には劣るべし、実に我国の鉄にてつくりたる刀は万国にすぐれて見ゆるなり、然れば、南蛮鉄などは好むべきものにあらず」ときめつけているのである。

また、寛政九年（一七九七）に著された肥後の松村昌直仲廉父の『刀剣或問《わくもん》』巻上によれば、「世に賞美する大坂物その余多く南蛮鉄を以て鍛えたる事世に知るところなり。書にも往々載せたり。銘にも南蛮鉄を以て鍛うと彫りたるはその刀冶の栄なるか」との問いに対して、「これ大なる辱なり。吾邦の良鉄に南蛮鉄を加え金気を穢したるは大なる過ならん」と答え、「蛮鉄を加え金気を穢したる刀剣何ぞ神霊有らんや」と述べている。

南蛮鉄で造った日本刀

南蛮鉄の使用をもっとも古くから手がけたとされ、そして有名になった刀鍛冶は、越前の刀工でのちに徳川家の抱工《かかえこう》となった肥後大掾《だいじょう》康継、およびその一門である。

康継は代々南蛮鉄をもって刀剣を鍛え、初代はすでに慶長の中期には作品を出しており、「南蛮鉄作」といった裏銘《うらめい》がきられているものが多い。海外で広く名の通っていたと聞く、著名なダマスカスの剣と同じと考えられる金質の原料を入手したら、これを康継のみでなく、お抱えの刀鍛冶に将軍や大名が競って鍛造させたであろうことは想像にかたくない。前掲『刀剣或問』にも書かれていたが、しかし、この時期以降、南蛮鉄を混用した刀は価格の安い大坂物に多かったものとみえる。

一文字出羽守行広の作には「阿蘭陀鍛《オランダぎたえ》」という裏銘をきったものもあるが、その技術は慶安三年（一六五〇）に長崎で薬師寺某からオランダ鋼の鍛法をうけたものといわれている。だが、その技術の内容は不明である。おそらく輸入鉄によったものであろう。また、備前や関の刀工の中にも、各個に中国人から鉄を購入していたものがあったようである。

このように輸入鉄や鋼の使用が普遍化すると、刀剣鍛冶のなかには、原料鉄について創意工夫をするものが現われた。そこには、水心子のように古伝によった考え方をもち、新しいこのような考え方を否定するものもある一方、黒田伝兵衛や加州兼若のように積極的に採用するものもあった。

たとえば『北窓瑣談二篇』（一八二五〜二九年、橘南谿著）によれば「寛政年間京都二条新地仁王門通りに、黒田伝兵衛といえる刀鍛冶あり。さる人の目利《めきき》にて後々修行せば刀鍛冶の名人にも成るべしとて、その人より秘伝を得て、寛政の始めより刀鍛冶となる。この伝銅鉄鍛えとて、鉄に銅を多く入れて鍛うる事にて、他の鍛冶の法とは別流なりとぞ、その刀よく鉄を切る」とあり、水心子も銅鉄卸し方として、鉄あるいは鍋鉄《なべがね》約三百匁（約一・一二五キログラム）に銅一匁（三・七五グラム）を入れて卸す方法を述べている。また加州兼若は、鉄に黄金を加えて鍛造する黄金鍛えの方法をあみだしたという。

話は余談になってしまったが、もとへ戻して南蛮鉄の加工についての疑問にふれると、前記『剣工秘伝志』にも述べられているような、和銑と混ぜての銑《ずく》卸しの方法を採らず、南蛮鉄のみをもって刀剣を鍛えたにしては、これらの刀剣に当然生じてこなければならない燐や銅の影響が少ないことは注目すべき点である。日本刀の製造工程からみて、素材には南蛮鉄のみでなく、和鋼や和鉄をまぜて使用していたためではないかと思われる。

享和三年（一八〇三）の二月に出羽の富塚新右衛門という人の注文で水心子正秀が鍛えた刀の銘に「以欧羅巴州之内魯西亜並阿蘭陀亜西亜州之内清及我大日本等四箇国之剛鉄合水心子正秀造之」とあり、南蛮鉄とともに他の鉄の混用を明記しているが、他の刀工はそうした点をあまりはっきりさせなかったのではなかろうか。康継のほかに、江戸時代の中ごろには越前守助広や近江守助直らがあり、その他にも南蛮鉄を使用したと伝えられる刀工が若干いる。

なお、前述の『剣刀秘宝』において、南蛮鉄はとうてい刃物にはならないといいきっているが、同じ書物で、十四、五遍も鍛えると具足《ぐそく》の鉄にはよいと述べているところから、刀剣以外にいろいろなものに加工されていたものとみえる。南蛮胴具足、南蛮鐔《つば》などは、特有の意匠もさることながらこうして造られた製品であろう。

南蛮鉄と鋳造品

鍛造だけでなく鋳造もされていたようで、日光の東照宮の前庭には元和三年（一六一七）に伊達《だて》政宗《まさむね》が奉納した南蛮鉄製の銘がある大灯籠がある。これは伊達領鋳物師頭の早山弥兵衛の製作によるものである。しかし、この小型で貴重な南蛮鉄を集め、熔融して灯籠を造ることが、元和三年という南蛮鉄流入の最盛期にあったにしても、はたして可能なものであろうか。もっとも大砲すらこれで鋳造していたというから、やってできなくはなかったであろう。

一方、年月に三年ほどの違いがあるが、伊達藩ではローマ使節として支倉《はせくら》六右衛門に随行してかの地に渡った佐藤十郎左衛門が、元和六年（一六二〇）に南蛮荒吹き法の技術を伝え、お国法とよぶお留《と》め技術として、以後、子孫代々その業を継がせられていたというから、この技術と関係がなくはなかったのであろうか。あるいはキリスト教の宣教師になにか教えられるところがあったのではなかろうか。さらにまた、ふつうの和銑に若干の南蛮鉄を加えて熔解し鋳造したものではないであろうか。これらの点は、鋳造の仕様書を入手しないかぎり疑問である。

佐藤十郎左衛門が伝えたという南蛮荒吹き法とは、一説によると、それまで採用されていなかった熔媒剤の装入を始めたものであろうといわれているが、三代目のときには片炉吹き上げ法、五代目には両炉吹き上げ法の技術を完成し、生産量も慶長年代の一夜吹き百貫（三七五キログラム）から約百年の間に千貫へと十倍の能率向上を示したという。一夜で千貫の生産はちょっと多すぎると思うが、四百七十貫という記録があるから、かなり生産性が上がったものと想像される。その間には生産設備も大型化し、相当進歩したようである。

なお、この南蛮鉄の製法、いうならば東北地方での烔屋《どうや》とよばれた初期タタラ吹きの改良については、十郎左衛門が帰国したのが禁教の後であり、また現地で技術習得の時間もなく、帰国後は恵まれず逼塞していて、病気で死亡していることから、活用する機会はあったはずもないとの異説も、近年になって出されている。

13　鉄山師の信奉した宗教

鉄の魔力

古代における生産活動は、宗教と切っても切り離せない関係にあった。物の製造は生産要素のひとつひとつを神の行為として、超自然的な力によって生産を順調にし、その結果、生まれ出てきた製品にも神格を認める、という考え方にささえられていた。鉄の生産も同様であって、まず鉄を造る火が崇拝の対象となった。火は食物を調理し、人間に暖を与え、動物の危害を防いでくれるが、その反面、雷火、噴火、火災をもたらす、恐ろしいものであった。だから、火は貴いものというより魔物であった。その火の中から鉄が生まれる。そこで災いを転じて福とすべく、この荒ぶる火の魔、火の精霊をなだめて、すこしでも多くの鉄がとれるようにと火神崇拝の思想がめばえ、そのなかから製鉄神崇拝の思想が独立していった。これが荒神《こうじん》、そして製鉄神の始まりである。

その後、わが国に大陸から高温熔融法の製鉄技術などが渡来したのと軌を一にして、宗教的な面でもいろいろな影響をうけた。とくに中国の漢代には製鉄関係の技術が続々と伝来されたが、宗教関係では陰陽、十干、十二支などの迷信的な天文や暦法が入り、天空をまわる五つの星に五原素の木火土金水《もくかどごんすい》をあてはめ、これをもってすべての事象の究極原理と考える、陰陽五行説《いんようごぎょうせつ》が盛んに行なわれた。そして、これに原始宗教の自然物崇拝や偶像崇拝がからみあって、鉄山独特の信仰形態ができあがっていった。

こうして古代の拝火教的要素をもつ火の信仰の発展した荒神、つまり竈神《かまどがみ》に五行思想の産物である金神《こんじん》が結びつき、顔が三面、手が六本の金山荒神《きんざんこうじん》が鉄山の守護神としてできあがった。この荒神に大年神の子である出雲系の奥津彦神、奥津姫神、火産日神の三神をあてたのはずっと後のことである。『仮名暦略注』によれば、庚申《こうしん》も金神の転化したものという。

東北地方に行くと、醜面を竈神にささげる習俗があり、タタラの天秤吹子《てんびんふいご》の上部にも泥面を造る風習があるが、これらは偶像化のなごりであろう。そして、この迷信に山岳宗教である修験道の要素が加わり、さらに仏教、とくに真言密教とふれあっていった。役行者《えんのぎょうじゃ》などはその具体例であり、修験道自身、鉱山師の集団であった要素が強い。こうした自然発生的な宗教が、のちに体系づけられ、それに他の宗教が加わったりして複雑になっていくが、これらの人々によって製錬が行なわれていたことが想像できるし、すくなくとも山野をめぐって発見した鉱脈などを、金属製錬の集団に知らせて、謝礼をうけるようなことは当然あったであろう。

明治に入って、新政府による「神仏分離」がなされ、祭祀の形態がはっきりさせられたが、その結果、かえって民衆がはぐくんできた宗教のかおりを失ってしまうこととなってしまった。現在、神社になっている奈良県吉野の金峯《きんぷ》神社や岐阜県垂井《たるい》町の南宮大社などは、みなこうした系統のものである。したがって民俗学的な本来の意味が薄れてしまっており、祭祀の本質を忘却してしまったような場合がすくなくない。これらは、それぞれの神社の近傍にある神宮寺などと合わせて考えるとよくわかる。

吹子祭りと稲荷信仰

筆者が東京周辺の鉄鋼工場十数工場について、その工場の守護神を照会したところ、九工場が稲荷《いなり》であり、八幡宮が一工場、成田不動が一工場、その他若干であった。このように稲荷信仰が製鉄関係の工場にきわめて多いのは、どういう理由によるものであろうか。世間一般に商売繁盛の神さまだからと割りきっているが、製鉄工場の場合もそんな単純な根拠からであろうか。

この稲荷には、京都の伏見稲荷を総本社として倉稲魂命《うかのみたまのみこと》をまつった神社の系統と、三河の豊川稲荷を本山として全国各地で荼吉尼天《だきにてん》をまつって信仰をえている寺院の系統のものとがある。その起源は『山城国風土記』をはじめとして『二十二社註式』『年中行事秘抄』などにみえており、和銅四年（七一一）二月初午の日に伊呂具秦公《いろぐはたのきみ》が、伊奈利山の三峰に三柱をまつったのに始まっている。

それがのちに平安遷都後、当時の仏教隆盛に刺激されて、真言密教とふれあって現在のように二系統に分かれたもので、イナリ、イネナリなどの発音から五穀の神と考えられていたが、いつごろからか祭神倉稲魂命を売買《うか》にもじって商業の神としてしまった。また同神の別名が御饌津《みけつ》神であるところから三狐神の文字をあて、そのうえにこの神は仏教の荼吉尼《だきに》という夜叉《やしゃ》の一種で魔性の仏であるというところから、これと結びつけて狐そのものが稲荷であると曲解されるようになったのである。

しかしそれにしても、稲荷には鉄を造る民衆独特の信仰対象となるような特別な要素があったのではなかろうか。この点について筆者の主観的な考え方であるが、若干ふれてみよう。

筆者は稲荷の起源を大陸から伝来した陰陽五行説や十二支などの影響を含んだ原始宗教の一種で、おそらく風神信仰の発展したものではなかろうかと考えている。というのは、古来から東南風のことをイナサとよび、これが転化してイナセともよばれているが、これがイナリに変化したのではないかという考え方である。

そしてこの東南風は、五行説にあてはめれば巽《たつみ》の風である。偶然とはいえ南宮大社をはじめ製鉄関係の神社建築には東南向きが多く、また古い鉄山のことばに「東南風は黒金《くろがね》をも通す」という言い伝えもあって（茨城・千葉県などの海浜で多く聞く）、野タタラの遺跡も山腹の東南向きの斜面が多い。このような点から考えると、稲荷は自然通風に依存して製鉄が行なわれていた時代の、風神信仰の遺風が本質を忘れさられて、今日にいたっているのではなかろうか。

現在、鍛冶関係業者を中心に行なわれている吹子祭りが、御神体と称する鉄製器物のほかに、神としては稲荷を祀っている理由も、このような考え方からみちびきだせるのである。『人倫訓蒙図彙《じんりんきんもうずい》』（一六九〇年刊）によれば、「吹子は京童《きょうわらわ》の説に稲荷の神が天上よりもたらしたもの」という伝えもあり、寛延四年（一七五一）発刊の『江戸年中行事』によると「十月八日吹子祭、此日鍛冶、鋳物師、白銀細工、すべて吹革《ふいご》を使う職人、稲荷の神をまつる。俗にほたけという。ほたけは火焼也」とあって、稲荷信仰に従来いわれるような農業や商業の神とは違った一面があることを説いている。そして五行説や鉄冶金と強く結びつくと、出雲の製鉄神金屋子《かなやこ》神信仰の一面となって現われるのである。

鉄山で吹子祭りをする理由は、『鉄山必要記事』によると、次のように書かれている。「昔十一月八日にある鍛冶屋に客があり、仕事を休んで飲食をしているところに、欠落人《かけおちびと》（逃亡者）のような風体の者が走りこみ、追われているからかくまってくれというので、とりあえずそばの吹子の蓋《ふた》をあけて、その中に隠し、もっともらしくシメ縄をはり、神酒《みき》や灯明などを供えて礼拝していると、追っ手がきて家探《やさが》しをはじめた。どうしても見つからず残るところは中央にある大きな吹子だけとなった。追っ手がついにその蓋をあけようとしたときに、鍛冶屋の主人は、今日は吹子祭りだから、明日あらためて調べてくれとたのんで、追っ手をひきあげさせた。追っ手の去ったあとで鍛冶屋が蓋をあけてみると、入っているはずの欠落人の姿はなくなっていた。その後、この鍛冶屋は日増しに繁昌《はんじょう》したので、この前例にならい、この日に吹子を祭るようになった」。

このように、吹子神つまり風神を一種の擬人化したような形で表現した縁起談になっている。

『鈩鍛冶屋万覚書帳』によれば、吹子祭りの日には中国地方の鉄山では、そうとう広範囲な椀飯振舞《おうばんぶるまい》が行なわれていたとみえて、地方の有力者なども招かれ、料理も、汁、なます、四寸、飯の四つ組みとし、酒も十分に飲ませていたことが知られる。また当日は労働者に米、塩、しょうゆなどが現物支給され、年に一度の楽しい日となっていたようである。佐藤信淵も文政十年（一八二七）に著した『坑場法律』のなかで、吹子祭りについて、その執行法などの点にくわしくふれている。

宗教と鉄冶技術の結びつき

『鉄山必要記事』によると、製鉄技術を伝えた金屋子神は金山毘古命《かなやまびこのみこと》（金山毘売命《かなやまびめのみこと》）を主神とし（女神である金屋子神信仰の経緯を考えると、毘売命の存在は無視できない）、さらに天目一箇神《あまのまひとつのかみ》も鍛冶神として合祀されているが、これらの伝承には時代をおっての、国家神道の整備がほの見えてくる。筆者は、むしろこの神社の特殊性を考えたとき、抽象的な神ではなく、山内の人々を強く引きつける魅力をもった神、いいかえれば現世利益的な神から発展したものと思っている。そのために流離の足跡からは天日槍《あめのひぼこ》と考えられる。また、それは後の吉備品治国造の転任ともほぼ順路を同じくしている。

当初降臨した播磨国（兵庫県）志相郡岩鍋の地で、鍋釜などを製造する鉄器鋳造の技術を伝授し、さらに「吾は西方を主《つかさど》る神なれば西方に赴《おもむ》かば良き宮居《みやい》あらん」と白鷺《しらさぎ》に乗って天空を飛翔《ひしよう》し、出雲国（島根県）能義郡広瀬町黒田の奥にあった桂の木の枝に天下り、ここで「吾は金屋子神なり、今よりここに宮居し、タタラを立て、鉄吹術を初むべし」と宣せられた。

金屋子神社本殿（島根県能義郡広瀬町西比田）

もっとも岡山県英田郡西粟倉村につたわるタタラ唄に、「金屋子神の生まれを問えば、元は葛城《かずらぎ》阿部が森」とある。これは神話伝承からのスタート地点であろうが、大和の葛城村を指しているものと思われる。ここには書紀によれば、古代の鉄を意味する佐糜《さび》、中世になっては佐味《さみ》荘があった。とにかく、そのとき多くの犬を連れて狩りにきていた現金屋子神社神職安部氏の先祖安部正重に、砂鉄採集から製鉄法までの一貫した製鉄技術を伝授し、土地の豪族朝日長者の資力を背景として操業せしめたといわれている。

ただ、ここで注意しなければならないのは、金屋子神が白鷺に乗って飛来したという形になっているが、これは民俗学的に見た場合、あきらかに製鉄民族の漂泊を物語っていることと、もう一つはこの神社が長い年月はたしてきた中国地方鉄山に対する冶金技術指導の功績である。とくに後者についていては、それはもちろん神の名によったものであるが、実際は安部氏の事績であるから、金屋子神社について述べるためには、安部氏の製鉄技術指導についてふれる必要があるだろう。

技術指導をしてくれた神

『鉄山必要記事』の第一に金屋子神御神体之事として、諸国より鉄の涌《わ》かない（熔融不完全）ことを安部氏にたずねると、同氏は吉凶、善悪を自分の掌《たなごころ》をさすように明瞭にいいあてたということである。その方法は卜筮《ぼくぜい》によるのではなく、往古の降下したどくろにむかって祈るとその色が変わり、変化のようすによって炉の状態がすべてわかったのであって、わが国本来の神占《かみうらな》いとは異なっており、大陸系の占いと系統を一にしているかのようである。対馬で亀卜《きぼく》師が採鉱冶金をやっていたということが『長秋記《ちょうしゅうき》』（一一〇五〜三六年、源師時著）の天承元年（一一三一）八月十二日の箇所に記されているから、このような占いの方法が形を変えて伝えられていたのかもしれない。ようするに、金屋集団の限定的な守護神からスタートしたものである。

とにかく他の神社や宗教と異なる点は、その力をもって毎年鉄山を回って金屋子神を祈禱し、タタラ経営について適切な助言を与えていたことである。したがって、神の尊厳とともに経営技術の参与として、絶大な権力をもって雲伯地方（島根県および隣接県）の鉄山に君臨していたのである。分社、末社も全中国地方に分布しており、のちには金屋子大夫《たゆう》という祈禱師群までも現われた（その手引書は『たたら研究』四十二号掲載）。近世では、遠く新潟県の三条市にまで勧請されている。

このような神官の行為から、この面の研究をされた人のなかには合理主義的な解釈をして、シャーマニズムの一種とみる人もあるが、筆者は、同氏の祖先は職業としての神職ではなく、鉄山師そのもので、後世になって金屋子信仰が盛んになるにつれて、当屋《たいや》とか当《とう》人《にん》のような祭祀の世話人からしだいに専門化し、宗教人として職業化していったものであると考えている。したがって鉄冶技術に関しては、家柄だけに素人《しろうと》とはいいながらそうとう精通しており、なお、そのうえに神職としての立場で、秘密主義を堅く守り、流儀盗みには斬首も行なわれていた

山間に祀られている金屋子神の祠
（広島県双三郡君田村茂田）

鉄山を回っていたので、その見聞した技術的知識は、各自がせまい範囲の貧弱な伝承技術にたよっていた鉄師や村下《むらげ》のそれよりも、かえってすぐれていたのではないかと思われる。

鉄がよく涌《わ》かないときに御符《おふだ》をいただいてきて、これを祀り、炉中に入れれば炉況がよくなるといわれているが、その御符の内容物がこもり小鉄（砂鉄の一種）と塩であることは、神職といっても砂鉄熔融の性質や熔媒剤の役割を知っている人にして、はじめて考えられることである。

また祈禱とともに神託という形で、炉の調子の思わしくない箇所の改善などについて助言することも、他のうまく操業している鉄山の方法を見て知っていればこそ可能だったのではなかろうか。つまり、今日的に表現すれば、デスク・エンジニアだったともいえよう。旧暦十月の初子《はつね》の日の祭礼にしても、かんな月（鉄穴月）といわれて農繁期と農閑期の境目のころでもあり、このあたりにまで技術者的な細かい配慮が払われていることがうかがわれるのである。

真言密教に連なる金山毘古神

金山毘古神《かなやまびこじん》は伊弉冉尊《いざなみのみこと》の御子といわれ、尊が迦具《かぐ》大神をお生みになるときに、吐りの中から生まれたということが『美濃国風土記』に記されている。この金山毘古神をまつる神社として有名な南宮大社（旧国幣大社）が岐阜県垂井町にあるが、同神を祀る神社は東北から中国の東部寄りにいたるまで広く分布しており、金属加工業者および販売業者の崇敬を集めている。

南宮大社の社伝によれば、神武東征のおり金鵄《きんし》を現わして戦勝をもたらしたものは、一に金山毘古神の神霊の加護によるものとされ、平定完了後、天皇即位の年二月二十三日に河内国狭山郷丹南郡日置《へぎ》荘大久保に金山神社をまつられたというのである。もうすこし具体的にいうと、神武東征に比定されるような戦乱のおり、金山毘古命の子孫と称する金屋の一団が、前記の日置荘付近に住んでいて兵器の生産供給に尽力したので、付近に国家の手で部族神の社殿が建てられ、社領を与えられたということであろう。

この地は古くから河内鍋の産地であり、鍋釜の鋳物生産を渡世とした大きな金屋の集団がいた土地であるから、時代的な点は別として当然そういったこともなくはなかったであろう。それがのちに『日本書紀』では孝安天皇の母が尾張連《おわりのむらじ》の遠祖、瀛洲《おきつしま》世襲《よそ》の妹なりとされているから、伝説にしてもそのような機縁から集団移住によって神社とともにこの地へ移ったのであろう。近傍に赤坂鉄鉱山が存在するのも関係があ

吹子祭りにおける鍛冶の奉納(岐阜県垂井町南宮大社)

ろう。したがって、その後も分散した土地土地で同神の祭祀が行なわれているのである。

　創建がそのような理由ゆえに、後年、朝廷で大量に金属を必要とするようなことが起こると、かならず帝が参拝しており、天武・聖武天皇などの信仰が厚かったところをみても、この神社の性格がよくわかるのである。

　この神社の祭神は信仰形態としては同じでも、年代によって祭神が異なっていることは注意すべきである。金山毘古神として祀ったのはいつのことか不明だが、その後、仏教の盛んになるにおよび、社殿の権現《ごんげん》造りでもあきらかなように、金属神を体現した仏体を祀った場合もある。

　これは欽明天皇の元年（五三二）八月に帰化人を召して戸籍を整理し、その後もこの付近に白雉三年（六五二）、四年と唐人を配置している。したがって、相当おおぜいの帰化人がこの付近に移住していたのである。やがてこれらが集団化し、そのなかの金屋の一団が行なった部族神としての祭祀がもとになって、その火神や金神に密教が結びつき、金剛蔵王《ざおう》権現が形成され、神仏習合の状態で祀られたきたのであろう。同大社が国府の南に魔よけの宮を兼ねて建設されたというが、そうした政策的なことよりも、むしろ背後にある金屋集団の居住ということに大きな意義が認められるのである。

その後、明治時代になって仏教と神道が分離し、金剛蔵王権現のような中間的宗教は認められず、神仏いずれか一方にせざるをえなくなったので、南宮大社の場合は背後地に神宮寺を建立して別寺とし、同神社は金山毘古神を祀ることになったものである。同じような理由で、他の製鉄関係の神社で虚空蔵《こくぞう》菩薩を祀っていたものは、二十七代の安閑天皇を、勾大兄広国押武金日天皇《まがりのおおえひろくにおしたけかなびのすめらみこと》の名から、冶金に関係ありとして祀るようになっているが、これなどは付会もはなはだしい。

なお、この神社の祭祀で考えなければならないのは、前述した（一〇六ページ）六七〇年頃の水碓《みずうす》を利用した製鉄と、この地域の豊富な鉄源、そして少し古いが六七二年の、壬申の乱にともなう兵器供給工人の帰趨である。これらは、当神社の創建に大きな影を投げかけている。

八幡神と鍛冶の関係

『扶桑略記』に、欽明三十二年（五七一）、八幡神が宇佐の厩峰菱潟《ひしがた》の池のほとりに鍛冶の翁となって生まれたという記事があり、『宇佐宮御託宣集』にも同様な記載がある。たとえ同神の発生がどこにしろ、後世において大仏建立や征韓の役など金属の大量に入用なおりには、かならずといってよいほどクローズ・アップされ、下っては源氏の尊崇厚かったところをみると、鍛冶集団を通じて兵器神としての意義が強かったのではなかろうかとまで考えられている。そうした根拠は、やはり非常に古くから刀鍛冶などの信仰と結びついていたからではなかろうか。なお、のちに本神も仏教と非常によく習合しているが、これはこの宗教の原始の形が北方系のもので、仏教と習合しやすい条件にあったことを物語るものではなかろうか。

だが八幡神と源氏との関係については筆者は、その間に鍛冶が直接、兵器供給者として強く介在したというような考えはもっていない。むしろ両者の関係は、源頼信の八幡宮に奉った告文《こうもん》にあるように、源氏としては家の子郎党をあげて統一態勢を維持していくうえで、論理的に矛盾があるにもかかわらずそれを承知で、八幡神を応神天皇と考え、清和源氏とはっきりしているのに、無理に源氏の出生を応神二十二世の末と強調して、われわれは神功皇后の三韓征伐に胎内にあって従いたもうた天皇の子孫であるというような点を強調し、信仰の対象としていたものと思う。ここから後世の武家の崇拝対象となり、神社の隆盛がはじまっている。金属冶錬は、武家への武器供給という関係で密接不離のところから、それに追随して加わったものであろう。

製鉄神については、これら二神のほかにも、一つ目小僧に近い天目一箇神という、ギリシア神話の一眼巨人鍛冶キクロプスと同じような、民俗学的に製鉄技術の海外からの渡来をほのめかしている神もいる（三重県多度神社別宮）。天津麻浦《あまつまうら》のように、名称のルーツは北インド系であろうが、途中から性器の崇拝に傾いてしまった製鉄神もある（広島県天津麻羅健雄神社）。これは、古代人の驚異である生殖を生産にと結びつけたのであろう。また、石凝姥命《いしこりどめのみこと》のように、金屋の部族神として出発し、その子の天糠戸命《あまのぬかどのみこと》などとともに、発祥は青銅冶錬かもしれないが、鋳造や鋳型の神として鉄冶技術の組織に具体的におりこまれている神もある（和歌山市日前国懸神社《ひのくまくにかかす》相殿。なお詳細は『たたら研究』第三号掲載の拙稿を参照されたい）。

14　砂鉄七里に炭三里

砂鉄の性質とタタラ技術

「世界に冠たる日本刀」という名声を獲得させた陰の力は、わが国に産出するすぐれた砂鉄に負うところが大きい。そして、わが国古来からのタタラ吹き製鉄法では、和鋼、和鉄の原料となる砂鉄の選定、採集、装入などの方法に関して、長いあいだの研究と経験が次々と蓄積され、そのために相当高度な技術に到達していたことがうかがわれる。

砂鉄の品質について、製鉄史の面から簡単にふれると、古来のタタラ場では、砂鉄を鉄砂、あるいは小鉄《こがね》（粒鉄）とよび、同じ発音の黄金《こがね》にまさるとも劣らない扱いをしていた。この砂鉄は産出の状況から、山砂鉄、川砂鉄、浜砂鉄の三種類に分けられている。しかし、おなじ山砂鉄といっても、地質学的な成因によっては、性質がかなり違ってくるものである。これは大きく、㈠花崗岩系の岩石中に結晶胚胎する酸性砂鉄と、㈡安山岩系のまじった、閃緑岩、斑糲岩《はんれいがん》、安山岩などに生ずる塩基性砂鉄の二種類に分けられる。

なお、タタラ吹きでは砂鉄を使用の便宜上、次のように分類していた。

- 砂鉄
  - 真砂《まさ》
    - 荒真砂（純花崗岩のもので粒度大）
    - 真砂（純花崗岩のもので粒度やや小）
  - 赤目《あかめ》
    - 赤目（角閃花崗岩のもので褐鉄鉱を含む）
    - 紅葉（角閃花崗岩、特に色彩の赤色なもの）

ただし砂鉄の性状は複雑であり、産出状況によっては中間的なものも多く、真砂・赤目など截然とした区分けは実際上できなかったであろう。

わが国は世界でもまれな火山国であり、これら火成岩系の砂鉄の産地は、北は北海道噴火湾から、青森・岩手両県海岸、千葉県九十九里海岸、南は福岡県博多湾付近、熊本県有明湾、鹿児島湾などにいたるまで、現在の著名な産地をひろってみても全国的に分布している。

このように、砂鉄が各地で豊富に産出していることに影響され、初期段階ではかなり鉄鉱石が使われていたものの、わが国ではそれによる製鉄技術はあまり発達せず、もっぱら砂鉄を原料とするタタラ吹きが発達したわけである。

だが、その操業技術も砂鉄の品質によって長い間に変化をきたし、真砂では主として日本刀や刃物類の素材となる和鋼を造る鉧押《けらおし》法が、赤目では鋳造用や大鍛冶にまわして庖丁鉄の原料とする和銑を造る銑押《ずくおし》法が、それぞれの砂鉄産地で発達するようになっていったのである。

ただし、砂鉄が豊富だといっても近代的な選鉱機の設備などがなかった時代であり、採集しやすく、しかも質のよい砂鉄が採れるといった好条件をそなえた採集場所は、そう多くはなかった。したがって条件のそろった砂鉄の鉱脈《つる》を発見するためには非常な苦心をはらったようである。長唄の「式三番叟《しきさんばそう》」のなかにも「おうーサヒや、おうサヒや、こうのところにありや、このところにありや、ほかにはやらじと、おんなおりそうらえ、おんまいりそうろう」という部分があり、どういう経過で長唄などに引用されたものかは不明であるが、砂鉄発見の喜びをうたっている。サヒというのは鉄とか砂鉄の古代語である。

古典に書かれた砂鉄採集

『鉄山必要記事（鉄山秘書）』は鉄穴《かんな》流しの方法について、その第一巻で半数近くのページをさいて詳述している。その記述を追うと「鉄砂幷鉄穴の事」「こもり粉鉄見ようの事」「鉄穴流しようの事」「粉鉄の事」「押桶の事」に分かれていて、とくに「鉄穴流しようの事」は地形、池川のこしらえなど図面入りで詳細をきわめている。

そして諸国の砂鉄産出地について、「播磨（兵庫県）、但馬《たじま》（兵庫県）、美作（岡山県）、因幡《いなば》（鳥取県）、伯耆（鳥取県）、備中（岡山県）、備後（広島県）、出雲（島根県）、石見（島根県）、安芸《あき》（広島県）、薩州（鹿児島県）があげられている。奥州にもあるとは聞いているが、詳しくは知らない。およそ鉄はどこにでもあるものである。私が先年吉野へ参詣したときにも、大和の岡村から妹山越に行く道筋に柏森という集落があり、そこから妹が峠に登るのだが、この道に砂鉄がおびただしくあり、美しくかつ良質のもののように見うけられた。ここはちょうど高取の城の後ろの山であるが、その日は秋雨がふっていたので洗われてよく見えたのであろう」と記していて、このほかに伊勢の多磨留《だまる》や土佐の鉄が浜もあげている。

また、赤色をした断層のような場所が砂鉄採集の手がかりとなったらしいことを、同書は、「備中の国にては赤土の中より砂鉄を流し取っており、あこめ粉鉄といい、量は少ないが質のよいものである」と記している。

『山相秘録』（江戸末期、佐藤信淵著）によると「山海経《せんがいきょう》および管子等に山上に赭《あかつち》あればその下必ず鉄ありという。必ずしも然らざるなり。その赭のなき所にも鉄の生ずること甚だ多し、然れども鉄多く凝結したるは大抵赭色なるものなり。その赭色土の下に鉄あるに非ずして赭色土はみな鉄なり」と述べているが、ここで「赭色土はみな鉄である」といっているのは、中国の古文献では鉄鉱石のことであるが、砂鉄を含む糜爛花崗石も指しているのであろうか。

東北地方のドバ（青森県でとくに産出する赤色の砂鉄）までは遠すぎて知らなかったと思う。また、沼鉄鉱などは化学的に鉄分の溶解した流水が、有機質的な水質の湖沼にはいったとき、化学反応を起こして沈積し、海綿状褐鉄鉱床をかたちづくるもので、色も赤褐色で質もやわらかく鉄分が多ければ、焙焼して一部の地域では案外、利用されていたのかもしれない。

鉄穴流しの設備と方法

川砂鉄は、川の流れにより自然淘汰《とうた》されて残積された砂鉄を採集したもの、浜砂鉄は波によって海浜に集積された砂鉄である。しかし、これらの砂鉄は、川砂鉄は成分

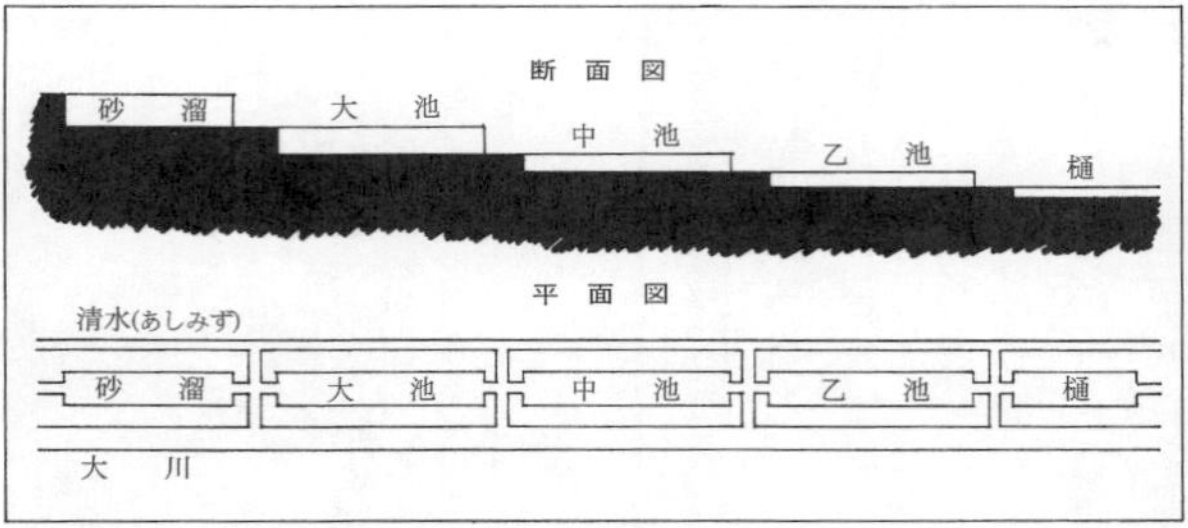

粒度が混合されていること、浜砂鉄は塩分を含んでいて錆《さ》びやすいということであまり使用されず、鋧押《けらおし》法によるタタラ場ではもっぱら鉄穴《かんな》流しによる山砂鉄を使用していたという。こうした採集に対する見解は量産時代に入ってからの建前である。

　そこで、この鉄穴流しの設備と技術について少しふれてみよう。もっともここで説明する鉄穴流しは、中国地方で行なわれていた新しい方法である。しかし年代をさかのぼると、『日本霊異記《にほんりょういき》』に記載されていたような、原始的な鉱石掘りまがいの坑道掘りもまれにはあったかもしれない。採集技術にしても『凌雨漫録』によると、砂金採集と同じような「ねこ流し」に近いような河川での淘《よな》げ取《と》りの方法が、行なわれていたであろうことも想像できる。

　さて、この鉄穴流しであるが、まず砂鉄を採集する山に、鉄穴あるいは山口とよばれる採取場があって、砂鉄の採集はほぼ十一月から翌年の五月ごろまでの期間に行なわ

鉄穴場
(母岩を崩して水流の中へ落とす)

砂鉄の洗い場
(砂溜まりから，大池，中池，乙池を経て樋までを望む)

れていた。この鉄穴の設定には、土砂の中に含まれている砂鉄分が多いことだけではなく、水洗のための水の便がよいこと、また地形が水洗に適した傾斜地であることなどが必要条件である。

採集をはじめるには、まず立ち木や雑草を除き、表土を取り去ることが第一の作業である。そののちに、いよいよ砂鉄を含んだ土砂を鍬や鶴嘴《つるはし》で水流の中（ここを走りという）へと切り崩し、水が不足しているところでは足し水をして、水の力で土砂を砂走りに通し、さらに下流の洗い場へと送る。この工程に働く労働者は穴夫《あなふ》とよばれ、十四、五人が鉄穴師頭《かんなじがしら》によって統率されていた。

砂鉄の洗い場は右下の写真のような構造で、山池、大池、中池、乙池があり、場合によってはさらに洗樋《あらいと》を加える。このようにだんだんと下に流し、各地で足し水をして、軽い砂分や粘度分を水とともにあふれさせて流し去り、砂鉄分だけを沈澱させるようにする。こうして順次に、下へ下へと同じような淘汰の過程をくりかえし、最後に乙池または洗樋を経て置場に取り上げられる。この砂鉄を仕上《しあ》げ小鉄《こがね》とよぶが、ここまでくればかなり品位の高い砂鉄となっている。この作業には流子《ながれこ》あるいは砂子《すなこ》とよばれる職人が従事して、前述の穴夫も含めて鉄穴師《かんなじ》とよばれている。これらの規模は前々ページの図と前ページの写真で想像されたい。

さらに仕上げ小鉄は、タタラ場に付属している洗い船とよばれる精洗場で仕上げ洗いをされ、品位のきわめて高い清小鉄《きよめこがね》となる。その採集量ははじめの鉄穴における土砂の量に対してわずか〇・一ないし〇・五パーセント程度で、鉄分に計算するとこの半分程度となり、驚くべき低品位ということになる。このようなシステムで砂鉄採集を行なうのであるから、その採集量はきわめて少なく、一ヵ所の鉄穴場で一期間に一〇〇トンも採集できれば上々で、約一一二トンを越えた場合は千駄祝い（一駄は三十貫〈一一二・五キロ〉であるから三万貫）と称するお祝いをするしきたりであった。

砂鉄・木炭の所要量と値段

近代の鉄鋼業においては、鉄鉱石中の鉄分をほとんど完全に抽出するから、品位六〇パーセントの鉱石なら所要鉱石量は銑鉄の一・七倍程度ですむのであるが、古代の直接製鉄の技術では、不完全な溶融であったから歩留まりが悪く、野タタラのような場合、おそらく五〜十倍の砂鉄が必要だったのではなかろうか。

天秤吹子《てんびんふいご》を使用しはじめたころでも、四倍以上は消費していたであろう。明治に入ってからの資料でも、出雲のタタラの場合、製品（鉧と銑の合計）に対して平均三・三〜三・四倍の砂鉄を消費しており、砂鉄の品位を低くみても相当量の鉄分が柄《から》実《み》（ノロ、鉄滓）の中に混入していることがわかり、歩留まりがきわめて悪かったことがうかがわれる。前田六郎氏著の『和鋼和鉄』によれば、明治中期ごろの資料であるが、製品十貫目（三七・五キロ）あたり（鉧、銑合計）の原料消費量を次の表のように示している。木炭の消費量も付記しておく。

《タタラ名》	《砂鉄》	《木炭》
菅福（鉧押）	三三貫	三〇貫
叢雲（鉧押）	三二貫	三三貫

福岡山（鍔押）　三六貫　三七貫
菅福（銑押）　三六〜三八貫　三一〜三二貫
価谷（銑押）　四三貫　三七貫
広島（銑押）　四二貫　三二貫

これほど大量に使用された砂鉄や木炭の原料費であるが、古い記録はないのでわからないが、前掲のデータによって計算すればおおよそ次のようになる。

明治十七年における広島鉄山購入砂鉄　一〇〇貫（三七五キロ）　〇・六八円
明治三十年における砥波タタラ購入砂鉄　一〇〇貫　一・一三円
明治三十一年における価谷タタラ購入山砂鉄　一〇〇貫　〇・九八円
明治三十一年における価谷タタラ購入浜砂鉄　一〇〇貫　〇・五二円

となっており、明治年代でいちばん高値を示したときでも三円程度であった（その当時〈明治二年〉、十円で金が四匁七分二厘〈約一六グラム〉だから、物価が上がっていても、すくなくとも金を四匁程度は買えた。これがその当時の貨幣価値である）。

また鉄穴を掘る期間が農閑期であったから、鉄穴掘り、炭焼き、運搬人足などの労働は農民の季節労働として、山間地の低収入の農家にはよい手間かせぎとなっていた。『淘鉄図』によると「農人作業の透間《ひま》にこの鉄穴を取て鑪所《タタラ》へ売る。さるによって四季ともに鉄穴を取るといえども、夏は水を田地へ取るゆえ冬より春まで盛に取り……」と書かれている。原料運搬の仕事も多く、砂鉄だけでも小さなタタラ場で年間二千〜三千駄も使用したというから、木炭やその他の資材を加えれば、その運搬量は膨大なものであったであろう。横川タタラへの砂鉄運賃の記録が残っており、二十三貫一駄で銀一匁一分を支払っている。

なお、砂鉄を掘って水洗作業をすると、流れた土砂が沈澱して粘土質の平地ができあがる。鉄山師はこれを流込田《ながれこみだ》と称して山内《さんない》の者に小作させていた。また、この地を利用して牛を飼うことも行なわれていた。だが反面、流出する土砂が河床を埋めて天井川《てんじょうがわ》を形成するため、河川の氾濫《はんらん》を起こすこともあり、弘化三年（一八四六）には岡山県の高梁川《たかはし》沿岸があふれて騒動となり、浅野侯が調停をしており、また慶長十五年（一六一〇）には、宍道湖《しんじこ》に土砂が流れこんで松江城の要害を破損させるといわれ、その後二十四年間ものあいだ鉄穴流しが停止させられた例もある（鉄穴流しは昭和四十七年、水質汚濁防止の見地から停止され、文化財としての設備は復元してあるものの、採集操業は行なわれていない）。

タタラ用の木炭、大炭・小炭

製鉄に木炭が使用されるようになったのは、高温熔融の技術になってからで、それ以前は薪木（堅木）をそのまま使用していた場合もあったであろう。『菅谷鉄山旧記』によると鎌倉時代の文永年間（一二六四〜七五）に鉄冶が薪で行なわれていたことを記録しているから、それ以前には、たとえ炭を使用していても、ごく一部のタタラか小鍛冶（鍛造成形）だけで使用していたものと思われる。無蓋《むがい》製炭法のもっとも原始的なものに鍛冶子焼きとよばれる製炭法があるが、これなどは、このあたりにその名のいわれがあるのではなかろうか。

近世になってタタラがすべて木炭で操業されるようになり、その使用に習熟してくると、用途によって炭が分けられるようになった。タタラ装入用のものは大炭《くろずみ》といって炭焼き頭の支配する山子《やまこ》が焼き、鍛冶用の炭は小炭《こずみ》といって地下《じげ》の農民を雇い、本格的な窯《かま》を造らずに松や雑木の小枝を前記の鍛冶子焼きと称する方法で焼いていた。

製炭の技術はいわゆる築窯《ちくよう》製炭法で、ひょうたん釜などという特殊な形状のものもあったが、通常は現在山村で見られる方法とあまり変わらないものである。違う点はタタラ用の炭は家庭の暖房用と異なって半焼きのもので（工業用炭に類似）、熕炉炭ともいうべきものであり、今日的な見方では、粗悪炭のそしりを免れないものであった。

『鉄山必要記事（鉄山秘書）』によれば、炭用の原木には松、栗、槙《まき》がもっともよく、ブナもよいが、杉はいくらか落ち、檜《ひのき》はよくないとしている。そして松、栗、槙の木のあるところなら砂鉄は少し質が悪くてもよいと述べており、反対に椎《しい》、梯、バンソウ板樹、サルスベリなどは使用に耐えないと記している（梯は柹《かき》、柿の木のまちがいかと思われる）。要は、長大な還元焰を出す木炭が求められていたのである。

また、樹種のほかに樹齢（三十年物が目安）、伐採時期などにも影響されたようである。小炭のほうが品質についてはうるさくなく、雑木でも使用できたようであるが、松、栗、杉が比較的質がよかったと書かれている。タタラ歌にも「鉄山を、師やるぞなら、槙山若木、松やま、槙山アー」と歌われている。

ただ、ここで注意しなければならないのは、樹の名称にはその地方の用語が複雑に入りまじっていることである。『鉄山必要記事』のいう槙は楢《なら》系の木を指しており、出雲では小楢のことである。また広島はじめ山陽方面では楢を水槙とよんでいる土地もある。

なお、松は火力は強いが燃え足が速い。そのため、贅沢をいえば籠《こも》りに使うのに適していた。

これらタタラに使用される木炭の値段は、前述砂鉄の価格の各タタラ場における購入価格によると、

明治十七年における広島鉄山購入木炭　一〇〇貫　〇・二七円
明治三十年における砥波タタラ購入木炭　一〇〇貫　一・五五円
明治三十一年における価谷タタラ松炭購入　一〇〇貫　一・二八円
明治三十一年における価谷タタラ雑炭購入　一〇〇貫　一・一七円

となっており、一代《ひとよ》（二一二ページ参照）に大炭《くろずみ》だけでも四千貫（一五トン）も使用するのであるから、これに小炭《こずみ》も加えれば、量的にも金額的にもたいへんなものであったことが想像できる。

そのため、鉄山主は木炭用の広大な山林を持っており、中国地方の島根県の田部家が約二万四千町歩（約二万二六〇〇ヘクタール）。桜井家が三千四百町歩、糸原家が三千町歩、堀家が千町歩、鳥取県の近藤家が五千四百町歩、坂口家が千五百町歩を所

有していたといわれている。また佐々木タタラのように、村の共有林とタタラ場のあいだで伐採契約が行なわれることもあった。かさばる物だけにあまり遠方からの輸送は不便であり、三里（約一二キロメートル）程度が限界で、荷姿のよい砂鉄の輸送限界は七里（約二八キロメートル）であったところから「砂鉄七里に炭三里」のことばが生まれた。長門の白須山《しらすやま》鉄山が砂鉄を、阿川村からの海路遠距離輸送に依存していたのは例外中の例外である。

製錬には見かけで、砂鉄一に対し木炭は五十調達しなければならなかった。このように、木炭の輸送には大きなネックがあったわけである。砂鉄長者の話は聞かないが炭焼き長者伝説は、こうした経緯から各地に出現したのであろう。

炭焼き長者伝説

大分県の方言に、炭のことをイモジといっていた地方があるが、これは炭が鋳物師と切っても切れない関係にあったことをしめすものであろう。たとえば、全国的に広く伝説となって分布している炭焼き小五郎の話のように、人里離れた山中で需要の少ない炭を焼いて細々と生活していたはずの炭焼きが、みな成功して長者になっているということは、そこになにか特殊な木炭大量需要のルートがなければならないはずである。その特殊なルートが、この鉄山需要であったのではなかろうか。「あんな小石が宝になれば、わしが炭焼く谷々におよそ小笊《こざる》で山ほどござる」と唄う炭焼き小五郎の現実的な富のルートは、山の占有と炭焼きの技術、そして連日千貫（三・七五トン）以上も買ってくれるタタラ吹きの鉄山や鍛冶屋だったのである。そして、その集積された大きな資力は、やがて鉄山自体も支配するようになり、ますますその資力を強大なものとしたのであろう。

「朝日はえず、夕日輝く木の下で……」と、謎のことばを口にしながら、山深く分け入って炭を焼く人々は、炭焼き小五郎の伝説のような幸に会うことを期待しつつ、行く先々の山里で、その土地の地名や古い伝承を織りこんで、形をいくらか変えつつ炭焼き伝説を広めていったのであろう。『鉄山必要記事』の金屋子神祭文にも長田兵部朝日長者が現われて、鉄山経営の資力となっていることは、鉄山と長者の関係を語るものとして見逃がせないことである。

この木炭や薪木は無尽蔵にあるわけではない。のちに江戸時代あたりになって、中国山脈の各地で多数のタタラ場が経営されるようになると、かなりの山林をもっていても不足しはじめ、あまり自由に入手できなくなった。大規模の鉄山師や藩の庇護のあったところは問題がなかったであろうが、小さなタタラ場や鍛冶場、それに鋳物師などは、入手に非常に苦心するようになり、大鉄山に納める品の抜き買いを頻繁に行なった。

また薪材でも、同じようなことがしばしば起こった。そのためこれを防止すべく、幾度も「格式」（禁止令の通達）が出された。宝暦十四年（一七六四）の申し定めには「銘々請山《うけやま》之内乱《みだり》ニ抜木抜炭売買 候《そうろうて》而ハ連々《つらつら》鉄職衰微之筋 旁《かたがた》以下被捨置《すておかれる》事ニ御座候間……云々」とあり、アウトサイダーの鉄山に炭や薪木が横流しされることに、藩や大鉄山がいかに困っていたかが想像できる。

15　タタラ製鉄の設備

タタラの諸設備

古墳時代ごろの製鉄は山腹の傾斜地を利用し、自然の強い風力に依存して、砂鉄を盛りあげた上に薪木を積みあげて幾日も火を燃やしつづけ、わずかな鉄塊を得ていたのである。その後、吹子を使う高温熔融の技術が導入され、年を追って本格的な操業をするようになった。

しかし、奈良・平安時代はようやく盛んになってきた鉄の需要に生産が追いつかず、まだまだ貴重品扱いされていた。そうしたところに、鎌倉時代にいたって元寇にあい、鉄の大増産が要求されたことで、野タタラの技術に対する大幅な改善が必要となった。

そのようなことから、文永年間（一二六四〜七五）になると、炉の上に大きな建屋《たてや》を造る工夫がされ、室内で天候に左右されずに操業できるようになった。こうして、それまでは長年の鉄山師の勘で「百日の照りを見て野炉《のろ》を打つ」というように、雨が

大鉧塊（島根県安来市和鋼記念館蔵）

降りだせば中途で操業を放棄しなければならなかったものが、その憂いがなくなった。そして次の段階として吹子を強力化し、炉の内容積を大型化していった。

しかし、いずれにしてもこの炉形の大型化は完全に失敗に終わった。赤目砂鉄で炉の規模もそう大きくなく、銑鉄の流し取りをしているあいだは問題がなかったが、真砂砂鉄で鉧押《けらおし》法をやった大型のタタラは、はじめから鉧塊《けらかい》を造るのが目的であったから、多量の燃料と砂鉄、そして人力を使って巨大な鉧塊を造ってしまった。量産態勢はできたが、さて塊を引き出してみると大きすぎるうえに周囲は熱の関係で脱炭してしまって、どうにも小割りできない代物《しろもの》になってしまった。

槌《つち》で打っても叩《たた》いても割れないので、ついにもてあまし、金屋子神に供えるのだというような理屈をつけて山中に捨ててしまった。この鉧塊について享和二年（一八〇二）に、大原真守の遠孫にあたる横瀬助七郎は伯耆の日野鉄山の古跡に、牛の背のような鉄塊がところどころに埋もれていると述べており、水心子正秀の『剣工秘伝志』には「銑鉄ばかり流し取りたりといえり、ゆえに自然釜底に流れ残りて、人力も及びがたき大いなる鉄となりて、今にいたるまで鉄山古跡タタラの跡の地中に、牛の背のような塊あり」と書かれている（この水心子の記述中、銑鉄ばかり取ったというのは誤りでこれは銑押の場合であり、核鉧もできた）。そして、のちにこの鉧塊を破砕する苦心が実を結び、大鍘場《おおどうば》の設備や水鋼《みずはがね》の製法が完成された。

やがて、ポルトガル人やオランダ人が渡来し、鉄砲や南蛮鉄をもたらしたので、わが国の鉄山師も品質的にこれと争って技術は大幅に進歩した。そして、「南蛮鉄」の項で説明したように、わが国人の中にもごく断片的にではあるが、外国技術を採り入れて古来の操業法を改良し、能率のよいものとしたものもあった。しかし、なんといってももっとも大きな発展は、元禄四年（一六九一。異説もある）に発明された天秤吹子《てんびんふいご》によって大量生産が可能になったことである。以下、江戸時代末期のタタラについて、その構造を簡単に説明しよう。

なお、鉄山の立地条件について、『鉄山必要記事』は、簡単に次のような要点を述べている。㈠に粉鉄（よい砂鉄）、㈡に木山（薪炭材の条件）、㈢に元釜土（炉体用のよい粘土）、㈣に米穀下値（食糧品の安いこと）、㈤に船付へ近《きん》（水陸の輸送に便なこと)、㈥に鉄山師の切者(技術者に人を得ること)、㈦に鉄山諸役人の善悪也(役人に悪いのがいないことである)と重要な順に並べている。

製鉄場の配置

タタラと一口にいう場合は、その意味が広くも狭くもなる。広義にはタタラ炉を中心に、その建屋および周辺にある元小屋《もとごや》、鋼作場《こうつくりば》、大銅場《おおどうば》、小鉄置場《こがねおきば》、木炭倉庫、砂鉄洗い場や鉄池《かないけ》などまで含めており、狭義には炉だけ、または炉と送風装置をさしている。これらを建てる場所は山腹の小高いところで、水の便がよく、おのおのの建物の配置には火災の難を考えて風向きなどを考慮している。

その状況は図で見ていただけばよくわかることと思うが、この中心となる高殿(これもタタラとよぶ)の建築方法には、角打《かくうち》または長打《ながうち》という長方形の平面を有するものと(安芸の北部、石見地方など)、丸打《まるうち》というほぼ円形(隅丸角形)の平面を有するもの(出雲、伯耆、備後など)の二種類があり、同じ様式でも雪の多い地方ではひさしを低くし、雪の少ない地方ではひさしをあげている。中の諸設備の配置および大きさなどは、それぞれの図面を見ていただきたい。

さて、この高殿の内部は図のようになっていて、中央に炉があり、その左右は天秤《てんびん》山《やま》とよばれる天秤吹子、そして周囲に作業を行なう村下《むらげ》（技師）、炭坂《すみさか》（副技師）、その他番子《ばんこ》（吹子踏み）などの座（待機休息の場）があり、小鉄《こがね》町、炭町、土町とよばれる砂鉄や木炭などの置場もある。そしてその構造には、非常に宗教的な意味をそれぞれにもたせてある。本来の建築法では八尺（約二・四メートル）を一間と計算する方法で、十二間（ここでは約二六メートル）の間口となるが、土地の関係で寸づまりに建てるようなときは、「本来無東西、何処有南北、迷故三界城、悟故十方空」とい

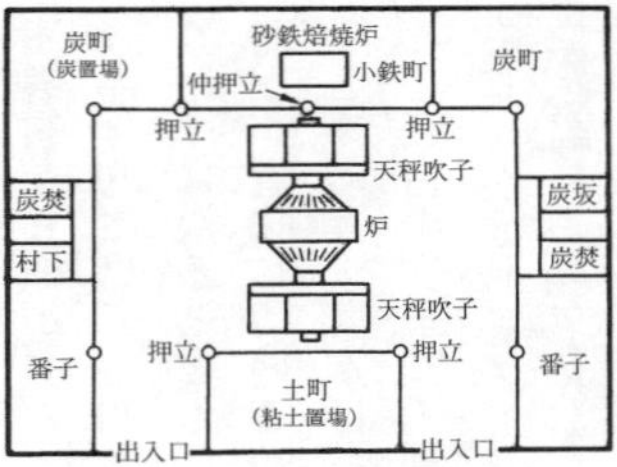

角打タタラの高殿内配置図
（石見国価谷，左右16.36m）

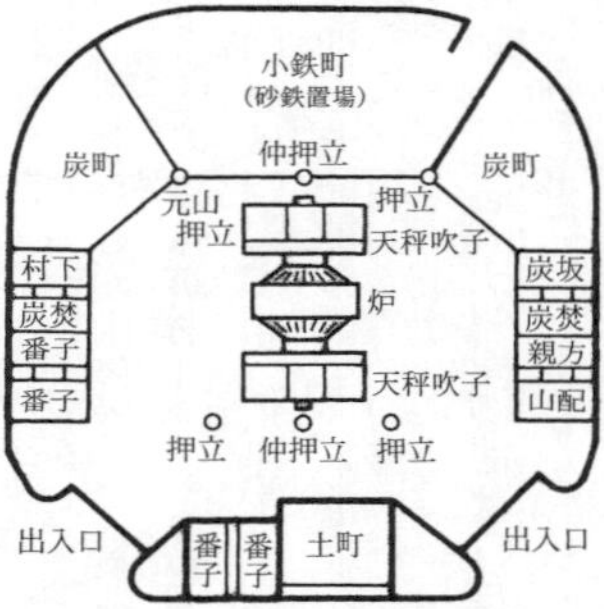

丸打タタラの高殿内配置図
（伯耆国都合山，左右18.79m）

うことばをとなえて、天に祈り、特殊な計算法で割り出すことになっており、暦法や迷信的なものがすみずみまでつきまとっている。

部分的に見ても四本の押立柱《おしたてばしら》のうち一本を元山押立《もとやまおしたて》（大黒柱）といい、高殿建設の諸基準になるとともに、金屋子神祭祀の意味があり、また四本はそれぞれ春夏秋冬の四季を意味している。高殿の広い南窓は南陽、北の小窓は北陰とし、屋根の長尾（たるき）の九十九本は、山神王・海神王夫婦神の御子、金山姫命御兄弟九十九神を表わし、四台の吹子（天秤吹子は片側で一台のように見えるが、実際は番子の立つ台の左右に一台ずつある）は、須弥山《しゅみせん》四州、釜の左右の湯池は日月、吹子と炉を結ぶ木呂《きろ》（送風管）の二十八本は暦の二十八宿を表わしているといった具合である。このほか鉄池など外部の設備にも守護神など、それぞれこの種の説明がつけられていた。

タタラ炉の構造

中央に設置される炉は、外形を見ただけでは粘土製の長方形の箱で、場所によって若干の違いはあるが、横九〇センチ、縦三メートル、高さ一メートル二〇センチ程度のものにすぎない。だが、このなかで鉄を熔融させるだけの温度を出し、長時間燃焼作業をつづけて鉧《けら》なり銑《ずく》なりを造るわけであるから、その施工法は見た目のように簡単なわけにはいかない。

その工事は、まず床《とこ》とよぶ地下の部分からして厳重な工事が必要になってくる。この作業を床釣りというが、タタラ操業が地下水や湿気に災いされず、熱の放散を防いで炉内の温度を高温に保つためにはもっとも重要な作業である。

この工事は場所によって差異はあるが、だいたい地下水の湧きやすいところは五メートル、湧きにくいところでも三メートル程度の深さに、炉よりも一回り大きく、五メートルに三メートル角程度の平面に掘り下げて、石材、砂利、石片、粘土さらに、こも、むしろなどを埋めこんで湿気を防ぎ、節《ふし》を抜いた大竹でガス抜きをして、熱の逃げるのを遮断《しゃだん》するように配慮している。

さらにその上に下小舟《したこぶね》などを造る本床釣りの作業を行ない、甲、上小舟、ひょうたんなどの付属装置を取りつける。そして本床と下小舟に装入しておいた薪材に火をつけて、床焼きという乾燥を行ない、さらに石垣《いしがき》をめぐらしたり、ヌタ土という粘土を塗り重ねて、そのつど十分に乾燥作業をくりかえし、それが終わるとひきつづき本床内へ松薪を入れ、さらにその他の薪材も積みあげ、それを燃焼させ炭化して、充塡物《じゅうてんぶつ》を造る。ここまででも薪木は約三万貫（約一一二トン）が消費される。次に灰すらしという焼き叩いて固める作業を行ない、ここでも薪材千貫（三・七五トン）程度を燃

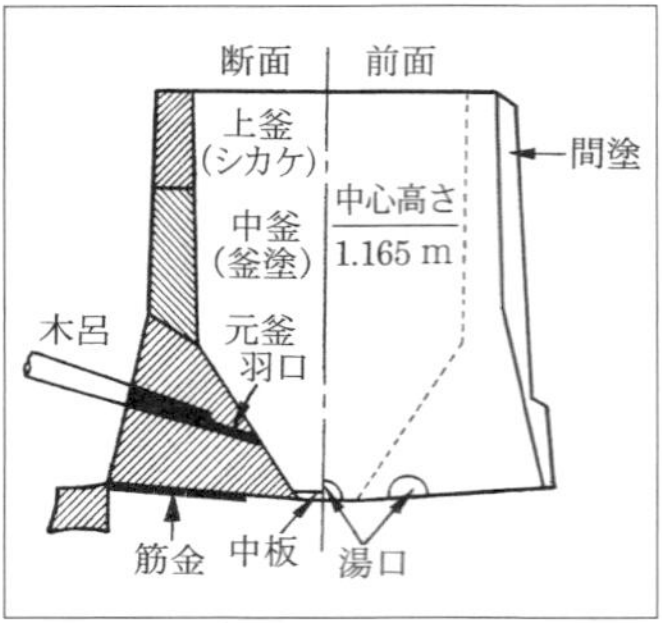

炉の構造（伯耆国砥波）

やす作業（新築と継続で異なる）を行なって、とにかく万全の手配をするわけである。以上が、いわば炉を築造するための基礎工事である。

　このような基礎の上に炉が築造されるわけであるが、この寸法や仕組みは鉧押《けらおし》法、銑押《ずくおし》法のいずれでも大差はない。図でだいたいの形状を想像していただきたい。

　この施工には村下《むらげ》が独特の刻《きざみ》というものさしを使用して寸法を定め、粘土についても炉壁を構成するとともに、操業中に熔媒剤のような働きをし、熔融して柄実《からみ》となるので、その選択法は秘伝のひとつともなっている。とくに部分的に元釜《もとがま》とよばれる炉の下の方の部分は高温にさらされる場所なので、粘土には適当な熔融性と耐火性が求められ、慎重な配慮が必要とされていた。

　炉形は長方形で、やや膨らみや反りをつけた箱状であるが、横側の一方の下側に熔《よう》銑《せん》や熔滓《ようさい》を取りだす七センチ程度の湯地《ゆち》という穴を三個つけ、縦の下側の部分には両側に木呂《きろ》の羽口《はぐち》をさしこんでとりつける保土穴《ほどあな》が一列にならんであいている。以上は共通な点であるが、銑押の炉は鉧押の場合よりも炉高が三〇センチほど高く、朝顔形の絞りかたが大きくなっていることが特徴である。なお、この炉体は製錬一回ごとに破壊されるので、炉底はそのままにしておいて炉体を何度も造りかえ、作業をくりかえし行なうわけである。

天秤吹子の発明

踏みタタラや横差し吹子では人力が多くかかって能率はあまり上がらず、鉄の量産はいわば人海戦術でやらざるをえなかった。ところが天秤吹子が発明されて量産は格段に進んだ。これは当時としては技術革新とよんでよい大進歩である。

その沿革をみると、天秤吹子は出雲で松平直政が入国し、鉄山の業を奨励するにおよんで発明されたもので、『仁多郡史』によれば元禄四年（一六九一）ごろから用いられはじめたものといわれている。『金屋子縁起抄』に書かれている天秤吹《てんびんぶき》元祖のことによると、宝保のころ（享保ではないかと思われる）邑知郡弓原郷（島根県）の内川本村に住む石橋三郎真暁《まさとし》という人が、同郡の出羽村の槇理原《まきのはら》という鉄山師の家に行ったとき、たまたま同家の二枚屏風が倒れ、そのときに強い風を起こしたのにヒントをえて、天秤構造を考えついたといわれている。

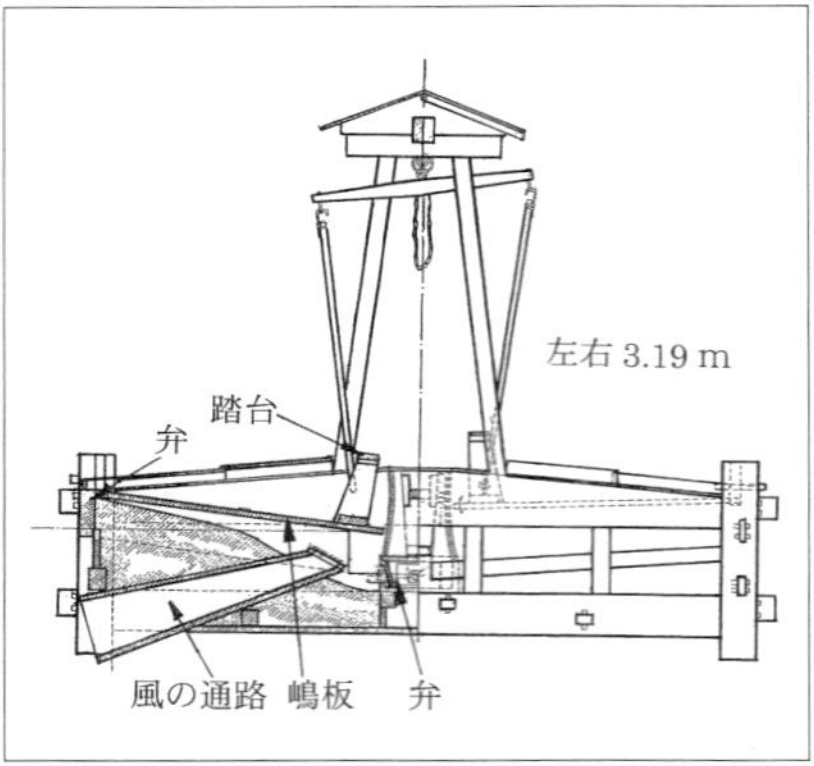

櫓天秤吹子の構造（石見国価谷）

もちろん、これは一説であって、屏風が倒れたぐらいで急にこのような発明ができるものでもなく、これよりも年代的には相当前から少しずつ改善されてきたものではないかと思われる。また一説には銀をはかる天秤から着想したものともいわれている。

ともあれ、この送風装置で吹くと、出《で》鉄《がね》量が三〇パーセント程度増加し、同一規模の作業にさいして番子の数は三分の一以下ですむこととなった。

この天秤吹子にも種類があって、大小の形から大天秤（四人がけ）、小天秤（二人がけ）の別があるが、構造的にも風箱を粘土で造った土《どろ》天秤と板で造った櫓《やぐら》天秤がある。しかし、いずれも連続送風でなく、脈動送風という点ではたいして変わるところはない。

なお明治に入っては、スペインで発明された、水の落下による風圧を利用したカタラン法まがいのトロンプ装置によって送風が行なわれたり、大型の横差し吹子を水車によって動かしたりしたが、結局は思わしい成績をあげえなかった。水車送風は山地で川が短急流のため発達せず、部分的な改良に留まってしまい、大量生産を指向せず低温の角型炉に終始してしまった。

鉄池《かないけ》は前述したようにタタラより引き出した鉧《けら》の大塊を水冷するための池であるが、ときには鉄山の罪人の水責めにも使用されていたといわれている。通常の場合には罔象女命《みずはめのみこと》が祀ってある。

大銅場《おおどうば》は銅折小屋《どうおりごや》ともよばれ、大きな鉧塊に水車で巻きあげた重錘《おもり》を落下させて荒割りする設備で、現在のパイレンなどに相当するものである。この方法は宝暦年間（一七五一〜六四）に発明されたもので、銅《どう》とよばれる重錘は大型のものでは四百貫（一・五トン）もあるものがあったという。ここでは大割りだけであり、小割りは鋼造場で小銅やげんのうで行なっている。

鍛冶場の作業は火窪《ほど》という炉で銑や鉧の小塊を加工して庖丁鉄《ほうちょうてつ》を造る。ここには左下場《さげば》と本場《ほんば》という二つの施設がある（詳細は二二二ページ）。火窪の設備の外見は現在の野鍛冶のものと大差ない。

元小屋はいわば現場事務所であって、購入、出荷、支払い、諸届けなど、すべての事務がここで行なわれた。そのために手代《てだい》が駐在し、諸種の帳簿類を備えていた。この位置は通常、山内全部が一望に見渡せるような場所に建てることになっている。

山小屋は社宅、寮ともいうべきもので、山配《やまばい》、村下《むらげ》、炭坂《すみさか》、鍛冶大工、小炭焼き頭などは粗末な一戸建てのものを与えられ、その他の下級労働者用のものは長屋になっていた。ここにも昔からの階級制が残っており、地域によっては特異な民俗習慣が近代まで伝えられていた。

〔追記〕

出雲地方の広瀬、仁多、横田、吉田などの町村をまわると、各地で巨大な鉄のように見える黒褐色の塊を見かける。場所によっては、崖地や川底にも埋もれたり沈んだりしていることがある。

これらについては昔から、大きすぎて破砕できなかった巨大な鉧塊と説明されてきた。しかし、質もかなり悪く不規則な形で、五～七メートル、時には一〇メートルを超える事例もある。重量が一〇トンを超えているものも見かけた。

これらを仔細に見ると、土砂、木炭、鉄滓などが嚙みこみあっていて、五～一〇センチメートルの平板の積層状を呈し、還元鉄の部分などはきわめて少ない。江戸末期の三×一・三メートル程度の大型鑪炉でも（製品重量三トン前後）製作できるはずのないものである。それを、旧来の文献による説明（本書二〇〇ページ）のように、小さなものが例外的にあったとしても、人力の及びもつかない鉧の大塊とは、とうてい考えられない。

年代不詳とされているこれらの大きな塊は、野鑪の操業によって生じた炉床部の焼結したもので、炉底の部分が灼熱されて強固になり、結果的には、その周辺が超乾燥されているので、次々とその上で築炉・操業がくり返されてゆき、長年の間に始末に困る大塊に成長してしまったものである。部分的な少量の鉧や銑は差し込みによって残留し、銹びて褐色の酸化鉄となったものであろう。

もし、これが鉧塊であったなら、少なくとも大鍘ができた宝暦年間（一七五一〜六四）以降になって、量産されるようになったとはいえ、鉄がまだまだ貴重な時代であったから、当然、それを細かく砕いて鍛冶屋で処理していたはずである。それが捨てて顧みられなかったのには、それなりの理由があったからであろう。

16　タタラの操業法と製品

鉧押法の技術

タタラにおける製鉄技術は大きくわけて次の三つになる。鉧押法《けらおし》、銑押法《ずくおし》、庖丁鉄《ほうちようてつ》製造法がそれである。以下これらの技術について、簡単に述べてみよう。

鉧押の方法は還元性の悪い真砂《まさ》砂鉄を原料とし、前項に述べたようにタタラの基礎工事が完了したうえに、粘土で鉧押用の炉を築造し、これを約七百貫（二・六トン）もの大量の役木《やくぎ》を燃やして乾燥させ、いよいよ製錬作業にかかるわけである。この作業過程については、俵博士の『古来の砂鉄製錬法』にくわしいので、その鉧押作業の記録を整理し、工程や日時を追って列記するとおよそ次のようになる。この四日間を通常、一代《ひとよ》とよんでいる。

初日午前五時三十分　送風を開始

初日午前六時三十分　籠《こも》り小鉄《こがね》の装入を開始

初日午前十時十分　柄実や銑鉄が発生しはじめる
初日午後四時二十分　上り小鉄の装入を開始
二日午前十時　下り小鉄の装入を開始
二日午後四時　第一回の熔銑抽出を行なう
二日午後五時五十分　炉況最も盛んで砂鉄木炭を盛んに装入する
三日午前十時　炉中の鉧塊大きさますます肥大する
四日午前一時十分　木炭のみ装入して砂鉄装入をやめる
四日午前一時三十分　製錬終了・釜出し作業にかかる
（この間、送風開始より六十八時間を経過する）

ここで砂鉄のところでは説明しなかった籠り小鉄、籠り次小鉄、上り小鉄、下り小鉄の四種類が出てくるが、これは炉況に順応して熔けやすい砂鉄から順次装入するための区分で、最初に装入する籠り小鉄が赤目に似ていていちばん熔けやすい砂鉄で、その役割からして種付小鉄《たねつけこがね》ともよばれている。上り小鉄は鉧の生成にいちばん重要な働きをするもので、火熱のとくに盛んなときに装入する、最も還元性の悪い砂鉄である。つまり砂鉄装入作業は四期にわけて行なっており、砂鉄の名と同じく、籠り、籠

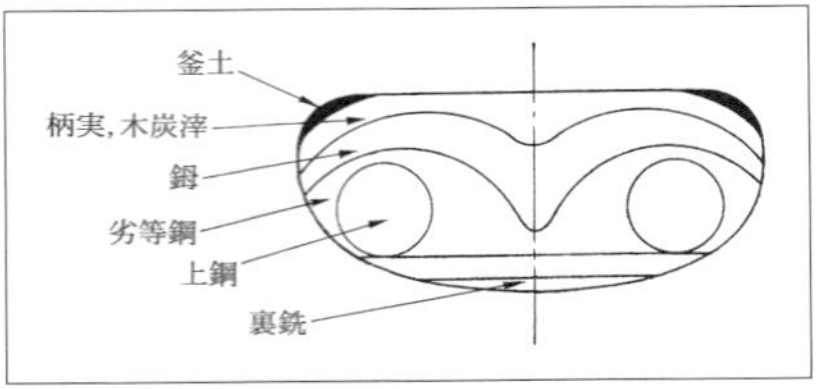

鉧塊の横断面図（イメージ図）

り次、上り、下りとよんでいる。

装入作業は砂鉄は村下《むらげ》が、木炭は炭坂《すみさか》が担当し、各二人程度で交互に二十〜三十分おきに作業を行なうが、その装入量は炉況にあわせて増減させる。なおこれらを、いつ、どのくらい装入するか、送風のぐあいはどの程度にするか、といったことは村下の技術経験、つまり長年の勘によって決定される。したがって村下の責任はきわめて重大であり、「タタラ三夜わかざれば村下を改易（くび）にすべし」という不文律があった。したがって、いかなる理由があっても、操業中は炭坂とともに高殿から外に出ずわずかに交替でする仮眠だけで、あとは終始炉のそばにあって、装入をはじめ作業全般の管理をしていなければならなかった。現代の常識では考えられないような重労働をしていたのである（炭坂は裏村下ともよばれていた）。

さて、こうして製錬され釜出しされた鉧の大塊は、タタラ場の設備技術によって若干違ってくるが、幅一メートル、長さ三メートル、それに厚み二五〜三〇センチ程度のものとなる。この塊は図のような断面で、均質のものではなく、部分によって非常に異なっている。この塊の縦方向へと羽口部から下へかけては裏銑とよばれる銑鉄が集まり、そのうえに劣質の鋼が、それにつづく左右に上質鋼が、さらにその上部にM字形の鉧が分布し、その上一面に鉧・木炭滓・柄実《からみ》の混合したものが、なかば凝固したような状態で分布している。

鉧とは鋼に柄実とよばれる不純物がからんだ状態のものである。これは鍛造がきき、とくに刃物用地鉄として優秀である。なお、この塊も野タタラ時代は質が不均一でしかも小さかったが、のちに炉形が大型化されるにともなって、大きなものができるようになり、天秤吹子の普及につれて当然助長された。この大鉧塊は空冷または水冷をしたのち大銅場《おおどう》で荒割りされてから、さらに小銅や鉄槌で小割りされて製品となる。この大銅という水車による落下重錘の設備は、前述したように大型の鉧の破砕に困ったあげく、宝暦年間になってから発明、使用されたものである。

大鉧塊の裏側（和鋼記念館蔵）
V字形に鉄滓や銑鉄の流れた跡がある。

この小割りされた良質の製品を総称して造鋼といい、頃鋼《ころはがね》、玉鋼《たまはがね》、砂味《じゃみ》、歩鉧《ぶけら》、鉧細《けらこま》、造粉《つくりこ》などに選別された。用途としては刃物用鋼が中心であるが、歩鉧以下のものは銑《ずく》からの左下鉄《さげがね》と一緒にされて、後述する本場や左下場に回して庖丁鉄（錬鉄に類似）製造用の材料に使用された。

また鉧押法の場合でも前に図解したような裏銑ができるが、操業中に炉底の湯口より抽出される銑鉄《せんてつ》もあり、これは流れ銑とよばれる。これらには破面の形状から前者に氷目銑《こおりめずく》、後者に蜂目銑《はちめずく》という名がある。もちろん銑鉄であるから鍛造できないので、鋳物や卸し鉄《おろしがね》用の材料として用いられていた。しかし、技術の進んでいなかった時代には銑の処理法（脱炭して鉄にする）がわからなかったので、伝えられるところでは、金屋の時代には一部廃棄していたものもあったという。鉧押法では製品の五〇パーセント前後が鉧鋼で、銑押法は九〇～九五パーセント程度のものが銑であった。

備後流と出羽流

『金屋子縁起抄』によると、製鉄技術の流派としては、備後流と出羽《いずは》流が著名であって、他流はほとんどこれら二流の移植された改良形のようなものである。

まず備後流であるが、これは伝説的には安倍連公の系統を引くと称されているもので、その一族、鉄子、家臣、木子などが広めたものといわれている。その方法はタタラの床を張るのに樋を十二筋設置し、できた鉧塊は自然に冷却する方式で、鉧とともに比較的銑鉄が多くできる技術である。

製品は青鋼《あおはがね》、印賀鋼《いんがはがね》などとよばれて広く知られているが、この流儀は長年同地で砂鉄採集を行ない、操業を継続してきたため、のちには鉄穴《かんな》が掘りつくされてしまって廃絶した。そこでこの付近で操業していた多くの鉄山の一部労働者は、関東、東北などの各地に鉄資源を求めて分散し、行った先々で同流の鉄冶技術を広めた。

また宍粟鋼《しそうはがね》とか千種鋼《ちぐさはがね》とよばれる鋼もあるが、これらは自然冷却によるもので、火《ひ》鋼《はがね》の別名があり、技術的には備後流の分かれである。

もう一つ著名な流儀に出羽流がある。これも伝説的には前述の安倍連公の弟子国児、金子、熊子の三人が広めたものといわれており、石見の出羽村が発生地で、備後流と違うところはタタラ床の樋が九筋の点である。

鉧塊を造ることをもっぱらとしているもので、できた鉧塊は赤熱状態のまま高殿の近くにある鉄池に投入し、水中冷却をすることを特色としている。この技術の特徴から水鋼《みずはがね》、延鋼《のべはがね》あるいは出羽鋼《いずははがね》ともよばれている。出羽流も発生地では廃滅してしまった。

なお余談になるが、タタラ吹きをパッドル法だという人があるが、これは非常な間

鋼種	C	Si	Mn	P	S	Cu
炭素工具鋼々材 JIS, SK1	1.30〜1.50	0.35以下	0.50以下	0.030以下	0.030以下	—
伯耆国砥波鑪鋼	1.33	0.04	痕跡	0.014	0.006	Ti 痕跡
出雲菅谷鑪鋼	1.30	0.05	0.04	0.015	痕跡	—
伯耆水鋼	1.54	0.018	痕跡	0.017	〃	痕跡
出雲叢雲鑪鉧	1.53	0.18	ナシ	0.010	0.005	〃

和鋼の化学成分　(%)

違いである。元来、パッドル法という製鋼法は、銑鉄を攪《かく》拌《はん》炉で熔融攪拌して、含まれている不純分を分離する技術である。タタラ吹きの場合は、直接原料を装入し、岩石質の部分は鉄滓として排除され、銑の場合は流し取り、鉧の場合は銑鉄約半量に還元鉄が半量で若干の不純物を含んだままとり出され、のちに鍛造・成形過程で残りの不純物がとり除かれるものである。したがって、和鋼、和銑の製法とは根本的に技術系統が異なっている。むしろ近似しているという点では、のちに述べる大鍛冶場の庖丁鉄製造法のほうが、品質的にややこれに近いものである。しかし、これにしても攪拌作業がともなわないため、分析値は似ているものの、厳密にはパッドル法だとはいいがたい。

和鋼の原料となる鉧の品質は非常によく、非金属介在物が少なくて、含有ガス成分も非常に低い。ただ価格が高くなることが欠点であるが、これも往時は用途が厳選されていて、刀剣とか高級な工具のみに使われており、みだりに使用されなかったため問題はなかったようである。

参考までに現代の刃物に使う鋼の成分と代表的な明治期の和鋼の成分とを対比すると、前ページの表のようになる。これらはほんの一例であるが、品質の上下など総合して、炭素含有量〇・九〜一・八パーセントで通常一・四パーセント程度であり、珪素は〇・〇五〜〇・〇一パーセント程度で通常は〇・〇三パーセント程度になっている。また原料に不純物が若干あっても、製錬過程で柄実《からみ》や銑に入ってしまって、鋼にはほとんど残留しないという不思議な特徴をもっている。そして、いわゆる処女性《バージニティ》に富んでいることが和鋼の特徴である。

銑押法の技術

原料砂鉄には酸化度の高い赤目砂鉄を使用した。銑押法の場合は熔けやすいことが第一条件なので、川砂鉄や浜砂鉄も多量に使用されていた。記録によれば価谷の銑押では全装入量の八七パーセントも安価な浜砂鉄を使用していたことがある。

吹子操作の不十分な時代には砂鉄を溶解できても銑になってしまい（これを核銑とよんだ）、鋳物に適するような炭素分も高く流動性のよい銑鉄はなかなかできなかった。そのために、わが国の鉄器は奈良時代以前はほとんど鍛造のものばかりで、弥生

江戸時代の鉄鍋鋳造風景　丸釜を中心にして，右側には鋳型を用意しているところが描かれている。手前の右側では屑鋳物を小割りして原料を準備し，左側では鋳放した鉄鍋の仕上作業をしている。（昔の川口の鋳物工場）

期の舶載品と推定されるものや古墳期以降の特殊な例外は別として、鋳造品はほとんどないのが実情であった。それが奈良期頃から高温熔融ができるようになり、さらに吹子の製作技術が発達すると、簡単に銑鉄や鋳造品が造れるようになった。

しかし、この技術でもまだ銑鉄を造るに十分というほどの高温ではないから、作業中に炉の中に前記のような鉧塊ができてしまい、時間がたつにしたがってだんだん大きくなってしまうことがあった。その場合は、なるべく小さなうちに大通しという鉄棒でこの塊になった核鉧を保土口《ほどぐち》近くへ持っていき、羽口付近の高熱で熔融して、これを防止することが一仕事であった。

その操業方法は、原料が赤目一本であるため、鉧押法の場合のように装入作業を分けるようなことはしないが、同様な呼称を日時で、たとえば二日めの朝までを「籠

鋼　種	C	Si	Mn	P	S	Cu
JIS 1種1号A ねずみ鋳鉄品用	3.40以上	1.4〜1.8	0.3〜0.9	0.30以下	0.05以下	—
(社内規格1例) 木炭銑	3.7〜4.0	0.9〜1.1	0.2〜0.4	0.08以下	0.02以下	0.1以下
出雲菅谷蜂目銑	3.91	0.03	0.033	0.005	0.009	—
出雲菅谷氷目銑	3.49	0.05	0.065	0.023	0.001	—
石見価谷銑	3.36	痕跡	痕跡	0.15	0.003	痕跡
広島鉄山銑	3.80	〃	〃	0.15	0.02	Ti 0.12

和銑の化学成分　(%)

り」というように形式的によんでいた。送風は主として足ぶみ吹子、あるいは差し吹子が使用されていたが、技術上は大差ない水準にあったようである。

溶銑は炉の妻手《つまで》側の下にある湯口より流し出して不規則な板状に固め、これを小割りして製品としていた。銑押の銑鉄は白銑《しろずく》であって、原料名をかぶせて赤目《あかめ》白銑《しろずく》、真砂《まさ》白銑《しろずく》というが、通常は生鉄《なまがね》とか銑《ずく》とよばれていた。

和銑の成分は現代の銑鉄とはだいぶ異なっており、一般に炭素分は同等かいくぶん高い。上掲の表のとおり、高炉銑はもちろん木炭銑よりも不純分が少なく、粘《ねば》りの強いものである。用途としては中世までは仏像、仏具が多かったが、しだいに茶器の鋳造が盛んとなり、江戸時代には花器、鍋釜、鉄瓶《てつびん》などの実用品が造られるようになった。塩焼鍋は当時の大形鋳物の代表であった。

銑押法によってできる製品は広島鉄山の場合は完全に銑のみとされているが、出雲の価谷タタラの場合は銑鉄九三パーセント、銑七パーセントの率となっている。明治四十年に近藤家の実施した滔《た》め吹法は、石灰石を利用して和銑に含まれている燐分をさらに低下させたもので、これが低燐銑製造のはじまりである。

大鍛冶場の技術

大鍛冶場とは、鉧の細粒や銑を原料として、間接的に錬鉄を製造する場所である。この錬鉄製造法は製品としては庖丁鉄・割鉄を製造することであり、その製品は鍛冶加工されて刃物、諸金物などとして市販され、刀工は芯金として用いたものである。

さて、この大鍛冶場の作業であるが、大鍛冶場には本場《ほんば》と左下場《さげば》の二つの作業場があって、これは原料によって二つに分けられている。原料が銑鉄の場合は左下場と本場の二工程をへて行ない、鉧からだと本場の一工程ですませることができる。両方の施設ともほぼ同様な構造で、地下構造が水分や熱の放散に対して配慮されているのはもちろんであるが、上部構造は幅三〇センチ、長さ一二〇センチで、深さ七五センチ程度の火窪《ほど》である。送風には差し吹子を使用し、粘土製羽口の木呂で連結している。しいて両者のちがいをさがせば、羽口の直径が本場用のほうがいくらか太いことくらい（四・五センチと四センチ）である。

鋼　　種	C	Si	Mn	P	S	Cu
JIS SWRM 15 軟鋼線材	0.13〜0.18	—	0.30〜0.60	0.040以下	0.040以下	—
伯耆庖丁鉄	0.12	0.05	—	0.013	痕跡	痕跡
安芸庖丁鉄	0.08	0.082	—	0.042	—	—
広島鉄山鉄	0.11	痕跡	痕跡	0.081	1.010	痕跡
糸原庖丁鉄	0.07	0.169	0.08	0.045	0.006	—
田部庖丁鉄	0.06	0.115	0.08	0.019	0.003	—

庖丁鉄の化学成分　(%)

銑鉄の場合を例にとると、まず原料銑をタタラ炉を小型にしたような左下場の火窪で、燃焼している木炭の上にのせ熔かして下へと沈ませ、銑鉄十貫（三七キロ）に小炭三十貫（一一二キロ）前後を使用して、酸化炎によって十分脱炭して左下鉄を造る。さらにこれを本場へもっていき、ここで鉧粒などと一緒にして、絶えず反転させつつ強熱して前と同じように半熔の状態にし、よりいっそう脱炭させるとともに不純物を除いて塊状の鉄にする。この技術を通常卸《おろ》し鉄《がね》法といい、これを鍛造して含まれている柄実つまりノロをしぼり出し、ところによって寸法に若干の差異はあるが、幅約一〇センチ、長さ約六〇〜七〇センチ、厚さ約一センチ前後の短冊形に折り重ね、鍛造したものが庖丁鉄である。

この作業には、鍛冶《かじ》大工《だいく》、吹指《ふきさ》、手子《てご》といった職人が合計六名程度働いていた。都合山鉄山の大鍛冶場の記録では白銑八十貫（〇・三トン）を原料とし、木炭二百四十貫を使用して五十貫（約〇・一九トン）の庖丁鉄を製造しており、広島鉄山では一日に三十五貫（約〇・一三トン）の錬鉄を造るのに銑鉄五十三貫（約〇・二トン）を原料として大工一人、左下一人、手子四人、吹指一人、左下吹一人の計八人を使用していた。これらはいずれも手作業の例である。

この工程は鉄の貴重な時代にあっては銑や鉧だけでなく、鉄の小割り屑、古釘《ふるくぎ》、割れ鍋なども原料として使用されていた。なお、この方法によって造られた鉄は鋼と同様なものが造られたように考えられやすいが、何度か火の中に入れて脱炭されるので、炭素分が非常に低くなり、前ページの分析表のようなきわめて軟質な鉄になっている。水心子の日本刀鍛造法は、この技術を応用したものである。

鋼は上鉧を金鎚で破砕し、分別したものを指している。庖丁鉄は、別名を割鉄ともいい、鏨地《たがねじ》とか鑿地《のみじ》、鉋地《かんなじ》などと用途名でよばれ、大きな短冊状の平鉄に鍛冶屋で加工しやすいように、割り溝をつけた形で出荷されていた。

なお、以上の工程のタタラ段階はほとんど儲からず、鍛冶場で庖丁鉄を造って売りさばき、その販売で収益をあげていたといわれている。

17　タタラ場残酷物語と幕府・藩の鉄山干渉

労働管理と風俗

江戸時代も中期以降になると、資本の力が強くなり、豪商、豪農出身の鉄山師も現われた。たとえば豪商出身では、伯耆日野郡の近藤家、豪農出身では日野郡の段塚、緒方家などがそれである。しかしそれ以前から鉄山をはじめていたものには、主家の滅亡などの理由によって没落した武士団が多かったといわれている。たとえば、出雲の桜井家が塙団右衛門、糸原家は山中鹿之助、田部家が周藤家の家臣、加計家が佐々木家の家臣と伝えられている。

このようなグループ、いわゆる山内《さんない》の組織は『山令五十三ケ条』(徳川家康、天正元年)で「一山は一国たるべし他の指揮に及ばず」と規定されているように治外法権的な自治制になっていて、しかも封建的な武士社会の組織制度が形を変えて残っている場合が多かった。竹矢来などでかこわれ、地下《じげ》とへだてられたこの一角には、鉄山独特の組織の下に働く山内者《さんないもの》(タタラ者あるいは鍛冶屋者ともよばれていた)が多い場合は家族を含めると三百人もいて、富豪の鉄山師（松江藩ではもっぱら鉄師と称していた）とは反対に、大部分の労働者たちは、昼夜なき半奴隷的な生活をすごしていたのである。

このように多人数の集団であったから、山間の僻地に鉄山者が定着すると、いままでの淋しい集落は急ににぎやかになった。とくに集荷地には取引業者も出入りしたので、安来《やすぎ》千軒《せんげん》などといわれているような大集落が出現している。なお、鉄山は労働者に対して生活物資を現物で給与する場合が多く、元小屋からの前貸しも多かった。そのため、米、味噌の確保、供給も鉄山経営者の重要な仕事であり、鉄山独特の為替米制度や株小作制度が行なわれていた。

だが、その給与面をみると極端な薄給で、作業の総監督にあたる村下でも二人扶《ぶ》持《ち》、月あたり塩、味噌各一升ずつという程度にすぎず、番子にいたっては、口《くち》はあずけたにしても、ひどいところでは春秋の粗末なお仕着せ一枚だけというのもあったようである。そして、これらの者に罪科のあったときは、絞縊《こうい》、笞打《むちう》ちの成敗が行なわれ、それでなくても日常の生活についてこと細かな守則が定められ（『鉄山必要記事』第六）、従業員はがんじがらめになっていた（江戸時代中期以降は死刑は原則として行なわれなかったようである）。

ちなみに鉄山に働く労働者は、タタラ経営者である鉄山師の下に、タタラ関係と鍛冶関係に分かれて、そのおのおのにタタラ手代《てだい》と鍛冶屋手代の二人がおり、その下に作業に従事する労働者が隷属していた。列挙すると、タタラ関係は山配《やまばい》（工場長）、村下《むらげ》（技師）、炭坂《すみさか》（副技師）、炭焚《すみたき》（技術者見習い）、内番子（送風労働者）、外番子（雑役労働者）があり、鍛冶関係には大工（技師）、左下《さげ》（副技師）、吹指《ふきさ》（送風労働者）、手子《てご》（鍛造工）などがおり、炭を補給するためにタタラ用の炭には山子《やまこ》が、鍛冶用の炭には小炭伐《こずみぎり》がいた。また、山内唯一の例外として宇成《うなり》とよばれる飯炊女《めしたきおんな》もおり、馬方のような駄賃方《だちんかた》とよばれる人々も出入りしていた。

手代は元小屋にあって山内を統轄し、購買、販売、労務管理などの事務を行なっていた。労働者のうちでは村下、炭坂、大工などは労働者というよりも技術者扱いされ、山内に一軒建ちの住居を支給され、他の者よりいくらか待遇もよく、村下などは公式ではないが帯刀も黙認され（金屋子神祭礼の日のみ）、また、村方の人からも村下様と敬称でよばれていたという。そのかわりに村下は、前述のようにタタラ操業の成績についてのいっさいの責任を負わされていた。

これに反して番子は吹子ふみのような単純労働であり、山内に逃げこんだ罪人なども使用されていたので、食いつめ者、あぶれ者が多く、「つるし鮭」とか「とんだも

鉄山で使用した帳簿類
（和鋼記念館蔵）

うけもの」とか「ゲザイ」などとよばれて、どこでもろくなことはいわれなかった。その生活も衣服はお仕着せ一枚、小銭が入れば酒とバクチにふけり、女性関係も悪質だったといわれている。

したがって、地方によっては、先祖がタタラ者であったことを非常に不名誉なこととしているところもある。「たたら番子はよー　こじきよりおとり、こじきは夜ねて昼またかせぐ云々」という岡山県に残るタタラ歌は、哀調のなかに番子労働のいつわりない真相をよく述べている。

こうしたタタラ場残酷物語の陰にあって、鉄山師は年々巨大な資本力を蓄積し、藩と結んで自己に有利な鉄山格式を出させ、広大な山林を占有し、ついには大坂などにおける問屋経営へと乗り出すにいたるのである。また、このような景気に刺激されて、江戸時代末期には小規模のタタラや鍛冶屋が各地にむらがり出て、いわゆるアウトサイダーとして、旧来からの大鉄山師に挑戦し、激しい競争を展開したのである。

流通機構の確立

元来、鉄山の経営は民営であり、租税として製品なり貨幣なりを徴集されるにしても、その儲けと損失は鉄師の負うところであった。しかし江戸時代になって経済組織が複雑化してくると事情はいささか違ってきた。

もちろん、かつてのように物々交換のようなことはなくなり、座の組織は個々の鉄山の資本力でいっそう巨大化して世襲の株仲間制度を確立し、鉄は商品として問屋経由で出荷・流通するようになった。また藩制度が確立し、財源としての鉄山が認識されるようになると、これに藩の強い干渉がみられるようになった。

従来、座は京都のものがもっとも大きな組織をもっていたが、京都が戦乱で灰燼《かいじん》に帰すると、中心地は大坂、江戸へと移り、現代につづくような鉄問屋が出現した。江戸の十組問屋、大坂の二十四組問屋のなかで鉄を扱ったものがそれである。

江戸十組問屋は文化年間（一八〇四～一八）に六十五組、千九百九十五人で組織されていたといわれるが、文政年間（一八一八～三〇）に発刊された『江戸買物独案内《ひとりあんない》』によれば十組問屋のなかに、釘鉄銅物問屋四十三店、鍋釜問屋十五店、打ち物問屋十店、などが記されており、素材は釘鉄銅物問屋でとり扱かっていた。場所は、現在の東京神田駅周辺金物《かなもの》町から小伝馬《こでんま》町あたりにかけてが中心地であった。

一方、大坂には江戸積み二十四組問屋、全員三千百七十三人のうち、鉄釘積み問屋だけで三十人もおり、雲伯、石見、美作、備中、備後、安芸あたりから買い付けた鉄や中国筋で生産される金物類を転売していた。『諸問屋再興調』によると、大坂よりは十組問屋に属した菱垣《ひがき》回漕船によって大部分が海路江戸に送られていた。しかし抜き買いも多く、越境しての買い付けや、海路北越地方からも買い出しにくるものがあって、このほうが高値に売れるため、大坂の問屋を経由しない陰での加工地への直取引も多かった。そのために天保十三年（一八四二）には大坂は品物が不足して極度の高値をよんでいる。大坂ではこれらの鉄鋼や鉄製品を江戸に送る一方、各地方へも出荷しており、『近世伊那資料』によると宝暦十三年（一七六三）には鉄二百十駄、釘五十八駄が大坂から名古屋経由で伊那へ送られている。

なお、大坂扱い品目は和鉄、和鋼、和銑であったが、江戸では和銑はあまり扱われず、鋳物製品となって入荷していたようで、和銑取り引きはもっぱら大坂で行なわれていた。もちろんどちらの問屋もこうした素材だけでなく刃物や農具、釘、鎹《かすがい》などの商品となって取り引きされていたものが少なくなく、また時代が下るほど加工鉄製品が主流になっていった。

幕府・藩の鉄山干渉

こうして取り引きが活発になってくると、幕府や藩は財源として直接、間接に鉄山に干渉するようになった。前述の問屋制度の発達も、自由な取り引きを促進させることよりも、その裏面には経済的な上納金に対する強い魅力があったからである。

このような問題を江戸時代中期以降の経済状態に照らし合わせてみると、非常に敏感に時流を反映していることがわかる。

まず元禄文化は江戸時代の花と後世にもうたわれ、日本の近世史にはなやかな光を投げかけているが、その実、幕藩の財政はインフレの昂進で窮乏し、領内のめぼしい産業から少しでも余分に運上金《うんじょうきん》（賦課金）を取り立てなければならない状況に追いこまれていた。そして、鉄山についてもこのころから目立った措置が採られている。

たとえば、松江藩では慶安元年（一六四八）に御買鉄制をしき、藩札で買い上げ藩が荷主となって大坂送りをしている。広島藩も延宝八年（一六八〇）には同様な制度をとり、元禄九年（一六九六）には広島に鉄座が設けられ、領内生産の和鉄類を広島に集中し、座鉄と称して藩の管理下に大坂送りを実施している。

また享保十一年（一七二六）には享保の改革のあとをうけて、世はデフレ時代となっていたが、松江藩は「鉄方御法式御書出し」を発布、特定の鉄師によって株仲間を組織し、それから運上金を取り立てるかわりに、タタラ操業数を制限し営業を援助するような方式を採用した。このときには桜井家など有力鉄山師を鉄師頭取に任命している。この制度は完全に大鉄山を保護し、中小鉄山を押えて、藩の財源を確保する措置である。

享保の緊縮政策の反動として、いわゆる田沼意次《おきつぐ》のインフレ政治時代となると、こんどは藩でなく幕府が、安永九年（一七八〇）、大坂に鉄座を設け、鉄の一手販売を企図し、その利益をえようとした。その結果は鉄価の大暴落をきたし、鉄山は経営困難をきわめた。そのために各藩各鉄山はいっせいに政治工作をはかり、強烈に幕府の鉄座を廃止させるべく運動を展開した。それは天明七年（一七八七）までつづき、松平定信の新経済政策でやっと廃止された。

鳥取藩も鉄山を藩営にしたり民営にしたりしているが、いずれにしてもとにかく積み出しを統制強化しており、文化十二年（一八一五）には大坂の問屋の横暴な買い付けぶりに対抗して、問屋の利益独占を排除すべく「江戸回鉄御趣向」を発布し、江戸直送までも行なっている。また天保六年（一八三五）には境融通会所を設けて産鉄の境港への集中を図り、これらの統制制度をより強力化している。

こうした期間に、鉄を産する各藩は大坂に蔵屋敷などを設け、大鉄山師と結んで財政を大きく潤している。『諸問屋再興調』によれば、その後天保十二年（一八四一）十二月十三日には水野緊縮令、世にいう天保の改革で、株仲間はもちろん、問屋、組合などと唱えることいっさいを禁じられ、鉄商も株仲間の解散を命じられた。その結果は鉄の流通が不円滑となり、ために嘉永四年（一八五一）にはこの禁を解いてふたたび旧の仲間制に復している。

このような足どりは現在残っている『鉄山格式』などをみても、いかに当局が大鉄山と強く結びつき、中小鉄山を圧迫して大鉄山の利益を擁護し、藩の財源とする目的で、共存共栄の関係をもってマンモス鉄山を育成していったかを物語るものである。

京都・大坂・江戸の鉄製品

『日本諸国名物尽《づくし》』や『日本山海名物図会《ずえ》』あるいは『和漢三才図会』などには、江戸時代におけるわが国の主要な産物が列記され、なかには数々の鉄製品も記載されているが、これらによると、すでに江戸時代中期には商品経済の一環として、日本の各地で鉄の鍛造や鋳造が行なわれていたことがわかる。

そしてこれらの製品の原料である和鋼、和鉄は大部分のものが中国地方八ヵ国で生産され、山陰の出雲（出羽鉄）をはじめとして、石見の邑知鋼《おうちはがね》、伯耆の印可鋼《いんがはがね》などがあり、山陽筋では千種鋼（宍粟鋼《しそう》）が有名であった。また、東北地方では南部の銑が著名であった。もちろん小規模な鉄冶が他の土地でもいくらか行なわれていたことは想像にかたくない。記録によれば江戸時代中期には、雲伯鉄と石州銑だけで年間約三十万貫（一一二五トン）程度のものが、大坂市場に送られていたようである。

さて、これらの鉄を使用する産業は、どのように分布していたであろうか。以下、ごく簡単に述べてみよう。

金物生産の中心地であった京都は、三条にあった釜座の製品をはじめとして、伏見街道には鍛冶職が集まり、鋸《のこぎり》では著名な中屋がそこから出ており、三木の刃物業者もここに修業にきていた。そのほか刀鍛冶はもちろん、庖丁、火打ち金、自在、鐙《あぶみ》、轡《くつわ》、鋏《はさみ》、小刀なども鍛造され、とくに縫い針の製造が有名であった。

大坂は前述したような二十四組問屋のある土地で、金物の集散地であるが、製造業も多く、前記のような鍛造品はすべて製造していた。そのほかにも精巧な技術を必要とする錠前《じょうまえ》、秤分銅《はかりふんどう》、時計部品などを造る熟練した職人もおり、鍋釜を製造する業者も多かった。

嘉永五年（一八五二）には鋳物師十七人、文珠四郎鍛冶百五十五人がおり、鍛冶町を形成していた。また港の関係で船用品の需要もあったので、碇《いかり》や船釘の生産もあった。刀鍛冶も二十二人が居住していたといわれているが、商人の町の影響か余業として小物の鍛造をよくし、小刀や剃刀《かみそり》、庖丁などを鍛えていたという。天王寺鋸も有名である。『五畿内志』によれば、摂津国三島郡福井村では鍋といっしょに鋤《すき》も鋳造していたという。

江戸においては江戸城の築城、日光山東照宮の建設とつづいたので、築城金物、建設金物、鋳物類などの大量需要が起こり、鍛冶は堺や京都から移住し、鋳物も下野の佐野や京都の名越家、近江の釜師などが招かれて生産を開始した。また、扱い問屋が密集し、大坂との間に船便による大量の取り引きがあったことは前述のとおりである。細工職人もほとんどのものがそろい、刀鍛冶も新刀で権威をもった者が多かった。鉄砲鍛冶も京橋辺に四人ほど堺から移住していた。

鍛造、鋳造、各地に起こる

前述した京都、大坂、江戸の三大生産地のほか、特色のある地方産地を北から羅列すると、まず南部の鋳物をあげることができる。ここでは江戸時代には南部釜が盛んに鋳造され、江戸時代の晩期には鉄瓶も造られるようになっていた。また後述するように、仙台角銭や寛永通宝の鉄銭鋳造や、仙台の箪笥金物も有名である。

ついで越後の金物類も著名であり、とくに村上や燕《つばめ》の釘が有名で同町の商人が全国に売りひろめ、釘鍛冶は三百戸に達していたといわれるが、一部には農家の副業もあったようである。釘のほかには三条などで造っていた鍬《くわ》や鎌が有名で、東北、北陸、関東と行商人の手によって持ちこまれていた。越後ではそのほかに鋸《のこぎり》の生産が盛んであった。これにつづく越前（福井県）も武生《たけふ》が金物の産地で、大工道具、鎌、千刃稲扱《せんばいねこき》などが造られ、敦賀や小浜では碇や船釘が造られた。

東海地方では関の刃物が有名で、刀剣鍛冶の名匠も出たが、鍬、鎌、剃刀、小刀などを鍛造していた。近江では鉄砲の製造が盛んであったが、のちには刃物類が製造されており、縫い針は近江の名産となっていた。のちに浜坂で盛んになり、広島に拠点が移っている。

堺は鉄砲鍛冶で知られた町で、この町出身で他国へ出て鉄砲生産に従事し、名をあげた人もあるが、むしろ地場の産業としては煙草庖丁、出刃庖丁、鋸などの製造が盛んであった。

中国筋に移って、播州の三木では大坂むけ金物の生産が盛んで、農具、庖丁、鋏《はさみ》、剃刀、それに鋸、鉋《かんな》、鑿《のみ》などの大工道具を造る鍛冶職人が散在し、地理的に原料の入手に便利なところから非常な発展をとげた。そのほか中国では仁方《にがた》の鑢《やすり》、尾道《おのみち》の碇と船釘などが著名であって、九州にはいっては筑前の芦屋が鋳物産地として古くから有名であったが、その分流の博多鋳物はのちに芦屋にかわって盛んになり、鍋釜も鋳造して広く売り出すようになった。四国では土佐山田町の斧や鋸が知られている。

鉄銭の鋳造

ここで鉄銭のことについて若干ふれよう。幕府が鉄銭鋳造に踏みきったのは、銅、真鍮《しんちゅう》の地金類が騰貴し、貨幣の鋳造に支障をきたしたからである。銑鉄を材料としたものには文久銭もあるというが、寛永通宝が非常に多く、元文四年（一七三九）に鋳造されはじめた鉄一文銭と、万延元年（一八六〇）に鋳造されはじめた鉄四文銭とがある。四文銭は一枚の重量が一匁三分で、記録によると一億百八十八万枚鋳造されており、一文銭のほうは重量が八分でやや小さく、鋳造枚数は六十三億三千二百六十二万枚といわれている。

山城の横大路村で元文年間（一七三六〜四一）に鋳造をしているが、つづいてそのほかにも小字銭（江戸小梅村）、伏見潤縁《ひろへり》銭（伏見）、佐字銭（佐渡）、摂州加島銭（摂州）、江戸鉄銭（江戸押上村）などが鋳造されていた。とくに加島は「酒は灘、銭は加島」といわれたほどで、いちばん本格的な鋳銭が行なわれていた。場所は現在の大阪市西淀川区である。

明和年間（一七六四〜七二）には以上のもののほか、久字銭（水戸）とよばれる江戸水戸藩邸で鋳造したもの、会津藩の深川藩邸で鋳造したものなどがあって、発行状況は最高に達した。『燕石十種』所収の「我衣《わがころも》」（一八五七年刊）によれば「寛保元酉年、世上雑説はやる、又此年ずく銭とて鍋金をもって鋳る」とある。天明四年（一七八四）には仙台で仙台通宝いわゆる仙台角銭が、安政四年（一八五七）には箱館で箱館通宝が流通した。

いずれにしても、鉄銭は欠けやすく銹《さ》びるので流通価値は低く、踏み返しで鋳造された鉛銭や鉄銭は悪貨の代表とされ、鐚一文《びたいちもん》なぞといわれる悪貨の代名詞にまでなってしまった。財布が切れるという苦情も出た。また、ひそかに鋳造された偽造の鉄銭も非常に多量に出まわっていた。このような実情から、同じ一文銭でも鉄銭と銅銭では貨幣価値がまったく違っており、小銭での決済の場合には、一文の支払いに、銅銭なら一枚のところ、鉄銭では五枚も十枚もが必要であった。

18　外国船の渡来と反射炉・洋式高炉の築造

泥縄式の鉄鋼増産

前述したように、江戸時代中期以降になると財政的な意味で、藩主の保護と海外から流入した製鉄技術の影響をうけて、タタラ吹き製鉄は質的にも量的にも非常な発達をとげ、増大した鉄の需要をなんとかまかなっていた。

こうして徳川幕府も終末に近づき、勤王・佐幕、攘夷・開港の血なまぐさい風が日本全土をおおうようになった。時流に抗しえず弱体化しつつあった幕府は、続々と迫る外国船に対しても一貫した態度をもつことができず、文化三年（一八〇六）に「撫《ぶ》恤《じゅっ》令」（宥和方針）を出すかと思うと、文政八年（一八二五）には一転して強硬方針をとり「異国船打払いの令」を出し、天保八年（一八三七）有名な米船モリソン号を追い返す事件を引き起こした。その後、また方針を変えて天保十三年（一八四二）にふたたび「撫恤令」を出し、薪水給与を許したかと思うと、弘化三年（一八四六）には、また海防を厳にすべしと命令しているのであった。

こんな具合に朝令暮改に明け暮れていた嘉永六年（一八五三）六月三日、江戸の玄関口の伊豆下田沖に和親通商を求めて黒船が現われた。日本人はうちつづいた泰平《たいへい》の夢を破られ、国をあげてこの怪物のような巨船に対抗するために大砲の大需要が起こり、その材料として鉄の大増産が要求される時代となった。安政元年（一八五四）末の「毀鐘鋳砲の令」の発布である。

「泰平のねむりをさます上喜撰（蒸気船）、たった四はいで夜も眠れず」という落首が当時の事情を端的に物語っているように、ペリーの来航は、老中、大老など幕府の要職にあった人々もただ腕をこまねくだけで、結局は、従来どちらかといえば弾圧してきた蘭学者グループを起用し、その新知識にすがって対策をたてざるをえなくなった。

そのうえ、ペリーだけでも困っているところへ、北からはロシアの使節プチャーチンがくる始末である。そこでこれらに備えるために、嘉永六年（一八五三）から品川台場に『エンゲルベルツ氏の製城書』にもとづく間隔連堡式要塞を小規模にしたものの築造をはじめ、また同年には「大船建造禁止令」を解除して軍船の建造を促進させたり、各地に反射炉を築造して大砲の鋳造をはかるなど、とにかく国をあげて泥縄式の防衛態勢に突入した。

だが大砲の場合、その原料の銑鉄は、とてもタタラ吹きの和銑だけではまにあわないので、寺院の鐘をはじめ鍋釜にいたるまで、手当たりしだいに鋳つぶして、形ばかりの大砲を造る始末であった。

「弓袋、桜の馬場のさま変わり、鍋のねだんの上る鋳立場」という落首には、江戸庶民の見た笑えない世相が表わされている。そこで大砲調達のための銑鉄の緊急大量生産が要請され、しかも発射しても割れることのない、もろくない鋳砲用原料銑の製法を確立するための努力がつづけられるのである。

反射炉の建設と鋳砲作業

一つの技術の確立は、ひとりの傑出した技術者だけでできるものではなく、その陰には多くの部分部分を受けもった名の知れない人々がいる。反射炉の築造もそのとおりであって、反射炉の設計図はすでに弘化初年（一八四四）ごろに和訳されているが、その訳者ははっきりしない。また、その竣工の陰には、弾圧されていた蘭学者、名もない地元工人の努力も忘れることはできない。

幕末の反射炉建設状況をみると、わが国で最初に反射炉を建設したのは佐賀藩であった。すでに嘉永三年（一八五〇）に本島藤太夫を長とし、田中虎太郎、杉谷雍介

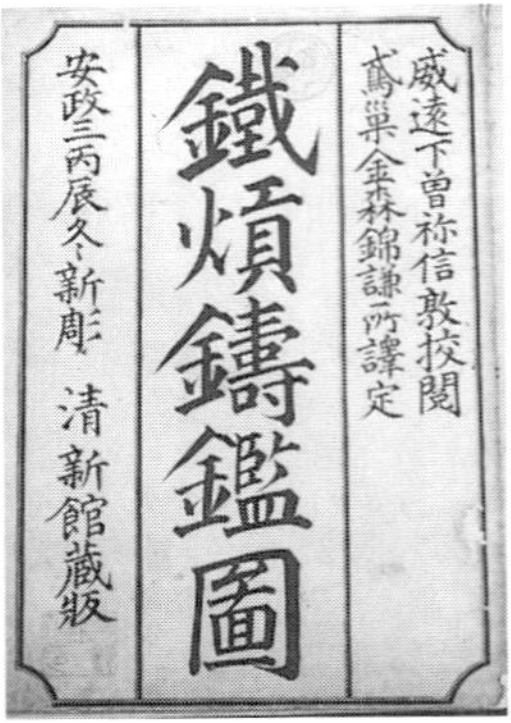

『鉄熕鋳鑑図』

を副とする大銃製造方を設置し、同年鍋島閑叟侯の提唱で佐賀城の西北の築地に工事を開始している。

この建設は、蘭書ヒュゲェーニンの『ゲシキュットギーテレイ』（訳書は『西洋鉄熕鋳造編』あるいは『鉄熕鋳鑑図』とよばれている）を基本とし、反射炉を中心に一連の設備をもって大砲鋳造を行なうもので、四基の炉を完成した。作業は後述するような失敗をくりかえしたあと、嘉永五年に鉄製三十六ポンド砲の鋳造に成功し、翌年からは幕命で本格的に鋳砲をはじめ、以後二十年ほどのあいだに三百門以上の砲を鋳造した。驚くべきことに文久三年（一八六三）以降には最新式のアームストロング後装施条《しじょう》砲の鋳造までできるほどの技術に達したという。そしてこの間に全国各地の反射炉技術者から見学や指導を求められているのである。

薩摩藩も島津斉彬《なりあきら》が、嘉永四年に反射炉の雛形《ひながた》を造って試験をくりかえしており、同五年にいたって本格工事をはじめ、六年に完成させたが、安政三年（一八五六）には再度築造し完全なものを建設した。そしてその原料銑を入手するために、高竈《たかかまど》と称する熔鉱炉も並行して築造し、領内の頴娃《えい》、志布志《しぶし》の砂鉄や吉田郷の岩鉄などを原料として製鉄作業をし、鋳砲原料のみならず鉄製品用の製造材料にあてはじめていた。薩摩藩は、長い鎖国中もひそかに外国との交易を行なっており、海外技術の影響をうけることが多かったから、この高竈は洋式高炉の和名であったのであろう（文久三年七月二日の薩英戦争で破壊されてしまい、そのうえ設計図までも残っていないのは残念なことである）。

つづいて安政元年（一八五四）には伊豆の韮山《にらやま》に江川太郎左衛門が小反射炉を建設し、つづいて安政二年には水戸藩も那珂湊《なかみなと》吾妻台に熊田嘉門、大島高任、竹下清右衛門の三人が中心となって建設し、北海道も箱館に高炉を建設した。最後は安政六年（一八五九）、長州藩が萩の椿東字上ノ原《ちんとうあざ》に小反射炉を建設している。

伊豆韮山の反射炉

韮山反射炉の場合について述べると、江川太郎左衛門英竜《ひでたつ》も佐賀の場合とおなじく、石井、矢田部らの蘭学者を起用して『ゲシキュットギーテレイ』を研究し、これにもとづく設計により、自宅庭内に小反射炉を築き、実地に熔解して鋳造の試験をつづけていた。

この場合に、なによりも努力がはらわれたのは、炉体を造る耐火煉瓦《れんが》である。彼らは自ら各地を跋渉《ばっしょう》し、天城山麓の梨本より出る土がもっとも適していることを見きわめ、馬の背により同地から山越えに運んだ。製瓦の理論は矢田部郷雲が翻訳した文献をたよりとし、伊豆、相模、武蔵、駿河、三河の各地から集めた瓦職人を動員して作成、ついに一七〇〇度（これはゼーゲル・コーン三三番にあたり、現在でも製鉄炉に使用できるほどの耐火力）の性能を有する煉瓦を造ることに成功した。

かくて、できあがった小反射炉は、操業のために招聘《しょうへい》された青銅砲鋳造の権威者である長谷川刑部《ぎょうぶ》によって技術面が担当され、小駒宗太胤長という荘司直胤の弟子のおかかえ刀鍛冶なども加わって、いよいよ作業をはじめた。だが、小型のため鉄の熔解が不十分で思わしい成績は得られなかった。

そうしているうちに海防の必要が早急に迫り、有力な火砲を必要としたので、太郎左衛門は幕命により建設操業に地の利を得た南伊豆下田在、本郷村高馬の稲生沢川河畔に安政元年の正月十六日、本格的な反射炉の建設工事を起工した。ここで工事は煉瓦積み上げの直前まで進行したが、当時たまたま来航した黒船のアメリカ人が工事現場付近をうろつきまわるため、幕府より移転の指令がきて、あらためて韮山に施工することになった。ときに安政元年四月二十五日のことである。

韮山字中鳴滝《あざ》に建設が確定すると、建設用資材の輸送は非常に困難になった。まず第一に優秀な耐火煉瓦用粘土が入手難におちいったことで、これは前述の梨本のものを馬の背に十六貫（六〇キロ）俵二俵ずつをつけ、山越えに瓦職人が運んでいた。しかし、さいわいなことに、不足分についてはこれに準ずる良質の粘土が、韮山背後の山田山狩野川沿いの地にも産出し、徳倉山からも出たので、主要部分は梨本のものを用い、その他の箇所には山田山の粘土を使用した。また石炭は常磐炭も使用したが、主として九州より海路を船で送られてきていた。

韮山反射炉（明治20年頃撮影）

この築造には、さきに大銃製造方が設けられ、嘉永三年より五年までの間に四基の炉を手がけた経験のある、九州佐賀の鋳造工領蔵をはじめ、韮山の鍛冶惣五郎なども活躍した。そして全般的な監督には、洋式製炉法を研究した八田兵助がこれにあたり、三年半の歳月をかけて安政四年六月に完成したものである。その間、英竜は安政二年正月十六日に死去したため、その子英敏が跡を継いでおり、父子相伝の大事業となった。

反射炉の大きさは、幅約五メートル、縦約五・六メートル、高さ約一六メートルであって、熔解作業はだいたい夕刻に準備して、夜を徹して燃焼をつづけ、明け方に鋳込み作業にかかる段取りで行なわれた。製造の対象が鋳鉄砲という代物だけに、当時としてはきわめて大がかりな作業であった。それは、鋳口から銑鉄などの原料を入れ、左側のやや小さい口から木炭および石炭（混焼）を装入し、それに薪も加え点火して行なわれた。原料銑は上手の川べりにタタラをしつらえ、沼津の鋳物工たちがここでいったん熔解しやすいように三角形の棒状に鋳造して、炉のなかへ井桁《いげた》状に組みながら装入していた。

なお反射炉の名称は鋳口の奥の部分（熔解室）が、奥にむかって先細りのドーム状を形造っていて、火炎が風圧によってドーム形の天井に当たり反射して下に曲がって、ぐるりと装入された原料銑を包むようにして熔解するところからきたものであって、熔解するだけで精錬作業はできなかった。建設費は総工事費五千三百両、そのほか諸経費二千両を費やした。

鋳砲用銑の需用と洋式高炉の建設

このように前門の虎、後門の狼《おおかみ》というような火急の場合に、なぜ洋式高炉を建設しなければならなかったのか、むしろ従来の経験を生かして、砂鉄の産地にタタラを増設したらよかったのではないか、という疑問を誰しも抱くであろうが、ところがそうはいかなかったのである。

鋳砲をはじめたどこの反射炉でも、その原料として和銑を使用していたが、流動性が悪いうえに凝結してから金質が脆《もろ》すぎて、そのために失敗をつづけていたのである。記録によれば杉谷雍介も佐賀藩の反射炉で石見銑を使用して鋳砲を行なっていたが、試射のおりに砲身の爆発で射手が即死するような事故を何度も起こしている。その熔解作業については「初次は、戌《いぬ》十月十二日にあり成らず、塡銑千五百斤、その五分熔解流動し、注口より出る。わずか五百斤許《ばか》り、余は粘固して注口を塞ぎ出でず。……云々」と記しており、また試放で破損した大砲の破片の所見を「破裂の鉄片を検《けみ》するに、なお気孔多く鉄子結合密す剛柔不斉なり」と表現している。

こうしたわけで、鋳鉄砲を造るのに適した銑鉄が切望されていたのである。結局、鋳物に適した流動性のよい柔らかい粘《ねば》りの強い銑鉄が大量になければ、大砲は造れないということになった次第である。佐久間貞介の『反射炉製造秘記』によれば、どうしても磁鉄鉱から製錬した銑鉄でなければ鋳鉄砲はできないと主張した大島高任《たかとう》は、「洋法第一鉄の性を吟味仕《つかまつり》候事にて、反射炉を造候而も柔鉄無之《これなく》候ては其詮無之、大島事右製造学得《まなびえ》候而《そうろうて》も、右品無之候而は詮も無之、南部仙人峠の模様探索仕候所、磁石様洋法相当に付、夫《それ》より炉取立も取行候事之由、柔鉄ありて後炉あり、炉ありて後鉄ありと申すものにて、一を欠候而は其用を不成《なさず》候由、外鉄《ほかのてつ》にて銃製之儀一円御受不仕《つかまつらず》」と強硬なところをみせ、しかも旧来のタタラ吹きでなく、その製造には西洋式の高炉製錬法を採用することを強調していた。

大島高任の鉄鉱山に関する知識は相当深かったとみえ、文久三年に藩侯に提出した藩政改革書の中の一部で釜石鉄山の重要性、将来性を説き、この鉄資源を活用して、大砲、小銃をはじめとして、鋳物、金具、貨幣などの製造業をおこすことを献策している。しかも、この草稿は万延年間にはすでにまとまっていたものとみられている。

寛文三年（一六六三）に南部（岩手県）上閉伊《かみへい》郡栗林村で発見された鉱石は、桐善兵衛の手によって一時採掘されていたが、その後、阿部友之進が幕命によって資源の調査をしたさい、陸中仙人峠で公的に存在が確認され、享保十二年（一七二七）には貴重な薬石として指定された。こうして、藩命によって採掘を禁止されたままになっていた鉄鉱山が、ここにふたたび開発活用されることとなったのである。

湯口前働きの図（『橋野鉄山絵巻』，新日本製鐵株式会社蔵）

安政四年（一八五七）三月、大橋（岩手県）の地に高炉建設の工事が始まったが、その仕様は富士製鐵株式会社（現・新日本製鐵株式会社）所蔵の絵巻物によって詳細をうかがうことができる。また、崩れているものの遺跡も残っており、往時の姿が想像できる。

その外面は石をたたみ、内側は耐火煉瓦を張りつめたもので、鉄条をもってふちどりして力をもたせ、その高さは約七メートルに達し、送風には水車をもって吹子を働かせている。この建設工事には反射炉とおなじように、『鉄熕鋳鑑図』の設計資料が非常に役立ったものと思われる。

期待された高炉銑の熔製に成功したのは同年（旧暦）十二月一日、高任三十二歳のときである。この日はほんとうの意味でのごく少量の初出銑で、その後は十日の夜二百貫（約〇・七五トン）、つづいて二百五十貫（約〇・九四トン）出しているという記録があるから、操業状況は話にならないくらい低く、製銑能力はわずかに日産一トンといったところであった。当時、釜石では、この銑鉄のことを鉏と書いている。アラカネと呼んだかソと呼んだかである。ソならば韓国の発音（スゥェ、スゥォ）に非常に近い。それはともかく、翌安政五年には待望の鋳砲原料として、二千七百貫（約一〇トン）の銑鉄が水戸へむけ船積みされている。

〔追記〕

幕末の反射炉や洋式高炉は、本文で触れたもののほか、以下のようなものがある。

島原藩飛び地の大分県宇佐郡安心院《あじむ》町宮の台に賀来惟熊《かくこれたけ》が反射炉を建設している。岡山藩では岡山市南側の大多羅で、尾関滝右衛門・塩見小堂らによって反射炉の工事が進められたが、完成間近に崩壊したといわれている。また、一説には藩庁買い上げ時の試射で、ことごとく破裂失敗したともいう。

鳥取藩では、東伯郡大栄町配竹に武信潤太郎が反射炉を建設した。この武信は加賀藩にも同炉建設のためによばれている。萩藩の反射炉は氏家彦十郎が建設を担当したが、準備不足であった。現在、椿東字上ノ原に小型のものが現存しているが、本格稼働にはいたらなかったようである。

北海道では安政五、六年頃に武田斐三郎が尻岸内町古武井に洋式高炉を建設したが、反射炉は計画のみにとどまった。江戸でも慶応元年に北区の滝野川で反射炉築造が計画されたが、時すでに遅く、着手されることはなかった。

松江藩や加賀藩でも大砲鋳造を企図し、立ち上がりの図面まで書かれているが、これらはどうも旧式設備の活用にすぎず、新規設備の稼働にまではいたらなかったようである。

なお、当時は各地で鋳砲がおこなわれていた。土佐藩では城西石立村鍋焼で、大型のこしき炉を用いて青銅中心に操業していた。加賀藩でも鋳造が始まっていた。韮山には、小田原藩がおこなった台場浜海岸でのこしき炉による鋳造の図が残っている。規模や成否は別として、鋳物産業のあったところでは、各地で乏しい文献をたよりに試行錯誤の鋳砲がおこなわれていたようである。

（小稿「反射炉と洋式高炉」〔『鉄鋼界』昭和四十八年十二月号所収〕参照）

19 富国強兵と近代鉄鋼業の勃興

近代鉄鋼業の胎動

失敗に失敗をかさねて、やっと鉄製砲が鋳造できるところまでこぎつけた各地の反射炉設備は、明治維新をむかえてその後どうなったのであろうか。

まず、もっとも大砲製作が盛んで技術もすぐれていた佐賀藩の反射炉は、安政五年（一八五八）にオランダより輸入した日本最初の圧延機も含めて、施設いっさいは一度、幕府に献納された。そののち明治政府のものとなり、明治四年（一八七一）に創立された赤羽製鉄寮に移管され、早くも明治七年十一月には鉄板、鉄条の圧延を開始していた。その後、この施設の所管は、赤羽製作所、赤羽工作所、赤羽工作分局と名称がたびたび変わり、赤羽海軍造兵廠となった。欧州と較べて技術水準が遅れていたことはいなめない。

いっぽう薩摩藩も当時なりに充実した集成館の設備があったが、薩英戦争で製鉄関係は大部分が破壊されてしまい、現在ではその面影を知るよしもない。その残存施設は鹿児島大砲製作所、鹿児島機械所、鹿児島製造所、鹿児島造船所と、これまた再々名称を変更し、最後にそれらの設備は海軍造兵廠に移設された。

結局、製鉄関係の諸施設、とくに大砲鋳造設備は、工部省や陸海軍に移管され、使用できるものは活用して国営軍事工場に再編成され、使用できないものは韮山の反射炉のように史跡となったり、払い下げられたりしたのであった。

釜石の高炉は、安政四年に大橋に竣工したのを手始めに、翌五年には橋野に仮高炉が一座（のちに改修されて明治時代中期まで操業）、六年に佐比内《さひない》の二座、文久元年（一八六一）に大橋に二座、橋野に二座のほかに栗林、砂子渡《いさごわたり》の両銭座にも建設されて鉄の製錬が行なわれ、合計大小十基の高炉が操業した。橋野仮高炉は、のちに文久三年に改修されて本格的なものとなっている。

これらの高炉の操業維持は、水戸藩が鋳砲を禁止されるとともに、最大の製品販路を失い窮乏に追いこまれたために、逐次、藩営から民間の豪商などの手へとその経営が移っていった。そして需要先として鋳銭業を興すとともに、農工器具、鉄鋳物などにその販路を見いだし、地方産業としての特異性をもった小規模な操業をつづけていた。しかし明治になると、その中でももっとも大口需要であった鉄銭の鋳造が鋳銭禁止令で厳禁されてしまい、どうにも運営できないところにまでたちいたった。

25トン洋式高炉（釜石鉱山の官営時代。明治13年9月10日火入れ）

この釜石鉱山は、明治七年「日本坑法」の発布にもとづいて、同年から官営鉱山となり工部省の所管となった。そして釜石村鈴子の地を中心として（釜石支庁の管轄に入ったが、十一月に橋野、佐比内、栗林の三鉄鉱山は除外された）、本格的な官営製鉄所の建設工事が始まり、翌年にはまずその第一着手として、工場と大橋小川製炭場の間一五キロに鉱山専用の連絡鉄道が建設された（この鉄道は昭和四十年まで動いていた）。

明治十三年には、二百五十万円を投じてイギリスより買い入れた鉄皮式スコットランド型の二五トン木炭熔鉱炉二基およびこれに付属する熱風炉、送風機、汽罐《きかん》など一連の設備が完成し、名実ともに近代的な製鉄所が誕生した。

この設備は同年九月十日に火入れされたが、

操業当時の能力は一日七トン程度にすぎず、そのうえ一日一万貫（三七・五トン）の木炭を消費するために石炭の併用なども研究されたが、とにかく燃料不足から前途はあやぶまれていた。そののち製炭場の火災、出銑口の閉塞事故などもあって、とぎれとぎれの操業をつづけ、近代化の先駆としてスタートした製鉄所も、明治十六年、ついに官業の廃止が決定された。その間に生産された銑鉄の量は左記のとおりである。

十三年七月～十四年六月　約一三六〇トン
十四年七月～十五年六月　約一九五〇トン
十五年七月～十六年二月　約一九八〇トン

こうして釜石製鉄所は明治十七年に田中長兵衛に払い下げられることに決まり、翌年一月より女婿横山久太郎によって製銑試験が開始された。試験操業は一年半におよび、成功をみたところで、明治二十年六月釜石鉱山田中製鉄所として操業することとなった。そののち日清戦争に刺激され、日露戦争でスピードが加わって、設備も製鋼設備の建設（明治三十六年）、棒鋼圧延機の設置（三十六年）、さらに六〇トン高炉の建設（三十七年）と逐次拡張された。

広島鉄山と中小坂鉱山

幕末から新政府の明治に時代が変わるとともに、品質はよかったにしても、価格の高かった和鋼や和銑の製造業はどうなっていったであろうか。

廃藩置県を契機として、明治四年には旧広島藩の山県《やまがた》郡、奴可《ぬか》郡、恵蘇《えそ》郡、三次《みよし》郡などの諸郡に散在したタタラ場は一括して大蔵省の所管となり、広島県知事が管理して、官営広島鉄山と称して操業をつづけていたが、明治六年に民間に払い下げられた。しかし、安価な線香鉄などの輸入鋼材の攻勢に押されて赤字欠損をつづけ、明治八年にはふたたび官営として操業することとなった。

だが、安価な輸入品に対抗することは至難のわざであった。この値開きに乗じて輸入鉄問屋はのきなみ巨利をあげえたほどであるから、官営とはいえ、その経営は楽であろうはずはなかった。そのうえ、明治十四年以降、深刻な不況に突入し、十八年ごろまで鉄価はぐんぐんと下落し、その間に価格は半値以下（百斤、三・一七円）になってしまった。

それでも広島鉄山の鉄は「官鉄」と称して、市場では他の製品とは別扱いにされ、いくらか優遇されていたらしいが、なんとしてもこの時代の大きな流れにさからいきれるものではなかった。

このようなときに、技術的改良によっていくぶんでもよい成績をあげたい念願から、小花冬吉や黒田正暉といった技術者が苦心し、鉄滓吹きを行なったり、吹子を廃してトロンプ送風を採用したり、扇風機を試用してみたり、あるいは炉形を円筒形にしたり、熱風送風を試みたりしたのであった。しかし元来、広島鉄山そのものが、たぶんに救済事業的性格をもつものであって、研究費や設備費が十分でなかったから、それらのこともついに成功をみることなく終わってしまった。

のち明治二十四年に小花冬吉はフランス・クルーソー会社に留学し、砂鉄製錬の研究をして帰朝、その結果をとりまとめて広島鉄山の改革案を示したが、これもついに政府のいれるところとならなかった。こうした経過をたどって明治三十七年、払い下げられて四転し、ここにふたたび民営となり、翌年、米子製鋼所と名を替えるにいたるが、この間に最高の生産実績をあげたのは明治十五年で、銑鉄と錬鉄合計で五四〇〇トンにすぎなかった。

いっぽう嘉永五年（一八五二）に由利《ゆり》公正《きみまさ》によって発見された群馬県の中小坂鉱山は、明治四年に野村誠一郎がヨーロッパふうの高炉建設に着手したが成功せず、その経営は鵜飼五郎兵衛に移った。翌五年の六月にいくらかの出銑をみたが、成績はあまりよくなく、これまた一年ほどで丹羽正庸に移り、イギリス人技師の進言で大改造が行なわれている。ここで注目すべきは、明治九年から東京府知事由利公正らによって、近代的な株式形態で、資本金二万円、社債九万二千円の規模をもち、鋳鉄管の生産が行なわれていたことである。

しかしこの企業も、明治十一年の六月には財政難でゆきづまり、官に返還することを願い出て官営となり、そののち高炉の修理を行なって明治十三年には洋式製鋼（おそらく坩堝《るつぼ》製鋼法と思われる）が試験的に行なわれた。だが、全般的にみてその成績は思わしくなく、明治十五年に払い下げが決定、十七年七月にわずか二万八千五百円で払い下げられている。

これらとは別に軍関係の製鉄技術は、明治十五年に東京築地の海軍兵器局内にドイツ・クルップ式の坩堝炉を設置し、十七年には黒鉛坩堝を自製するまでになった。陸軍ではすこし遅れて二十二年に、大阪砲兵工廠で坩堝炉を採用して生産に入った。つづいて二十三年には、横須賀海軍造兵廠に重油燃焼の五トン酸性平炉が設置され、大阪砲兵工廠も二〇〇キロの試験的な小型平炉を建設、釜石銑、仙人山銑、伯州鋉鉄、および砂鉄銑を原料として製鋼作業が行なわれた。二十五年には呉造船廠にも三トンの酸性平炉が設置された。

技術水準も年々向上した。たとえば明治二十三年の大阪砲兵工廠での弾丸試験では、釜石鋳鉄がイタリアのグレゴリニー鋳鉄と同水準にあると発表しており、また二十七年には洋式高炉で造られた銑鉄が伝統を誇るタタラ炉による和鋼・和銑の生産高を上まわり、ここに製鉄技術の新旧交替がみられている。こののちも東京砲兵工廠、呉兵器製造所などに小型の平炉が続々と建設された。

しかし、このように生産設備が建設されたとはいっても、明治二十八年の日清戦争の勝利で好況となり、鉄鋼の需要が増大した三十年でも、供給量は輸入鋼材が二三万トンであったのに対して、国内生産は、銑鉄が二万七〇〇〇トン、製鋼高はわずかに一〇〇〇トンという微々たる数字であった。

官営八幡製鉄所の創立

新興国家建設には大量の鉄鋼が必要であったが、それをまかなう生産はあまりにも貧弱であった。そのために輸入される鋼材は膨大な量に達していた。

銑鉄は釜石をはじめタタラ吹きの和銑も供給されていたから、あまり不足するようなこともなかったが、鋼材は九九パーセント輸入に依存せざるをえなかった。そのうえ日清戦争によって、鉄鋼生産が不足の場合の苦しい実情を経験し、はじめて鉄鋼増産の重要性を政財界に認識させることができ、明治二十九年に予算案四百九万五千七百九十三円をもって農商務省の製鉄所建設案が第九議会を通過した。製鉄所建設の必要が世論となってからすでに十年近い歳月をへてのことである。かくして三月二十九日に官制が発布され、翌三十年二月には福岡県遠賀《おんが》郡八幡《やわた》村に製鉄所が建設されることが確定したのである。

候補地としては京浜、阪神、尾道三原海峡、広島呉海峡、門司馬関海峡などが選ばれ、原料問題など各種の条件を考慮して広島と八幡が最後までもちこされ、石炭条件が強みとなって八幡に決定をみたわけである。この当時の八幡村は人家二百五十戸、人口千二百九十九人、地価坪〇・五円というところ（明治二十二年）であって、水田と海沿いに塩田がいくらかあるだけののどかな寒村であった。

誘致の有力原因となった石炭は、二瀬炭山をはじめ筑豊の各炭坑より遠賀川を利用し運河を経て洞海湾（若松）に送られた。いっぽう、明治二十四年になると九州鉄道、筑豊興業鉄道の二線が開通して、陸上の輸送も大幅に便利になっており、当時としてはこの立地条件は、原料立地的な強みを十分にもっていた。

明治三十年六月一日に官営製鉄所は開庁したが、それと同時に従来の計画案であった六万トン生産計画案は修正されて九万トンとなり、建設費用も第十二回議会の追加予算六百四十七万円、第十三回議会による鉄山炭坑買収費三百六十三万円、同議会で議決された若松築港補助費五十万円、運転資金四百五十万円などが加わり、合計では千九百二十万円の巨額に達した。その後、さらに五百数十万円が追加されている。

主原料の鉄鉱石については、岩手県の釜石、新潟県の赤谷、および北海道の砂鉄を主としてあて、地元の鉄鉱資源としては吉原鉱山、呼野鉱山、柳浦鉱山などを予定していた。

建設工事のためには膨大な人員を必要とした。しかし、地元の九州では炭坑労働の雇傭で労賃が高く、人員も不足であったので、山口県、広島県あたりから広く募集し、三年間にのべ百五十万人を投下している。このように、きのうまでの寒村は、一変して大土木工事の場となったので、それらの人々を相手とする商店が軒をならべ、旬日にして八幡町の姿を整えはじめた。製鉄所の発足後は、技術指導のために多くのドイツ人技術者たちが出入りし、従業員も年々多くなっていった。

こうして、明治三十四年二月五日には第一号高炉（一六〇トン）が操業を開始し、つづいて五月にはシーメンス平炉、六月にはベッセマー転炉と製鋼部門も稼働を開始、圧延関係も中型をはじめとして六月から逐次操業した。そして同年十一月十八日に盛大な起業式を挙行し、ここに東洋一の大製鉄所がスタートした。第一号高炉の建

工事中の八幡製鉄所東田第１号高炉
中央に伊藤博文がいる。明治33年。

設工事は時の首相伊藤博文も視察して記念撮影におさまっている。

さらに同製鉄所は、日露戦役の勝利によって、いっそう軍備を増強する必要が認識され、また各種の重工業が勃興したために鉄の大量需要が喚起されたので、その要請にこたえるべく第一期拡張計画を実施し、平炉や坩堝工場を拡充増強するとともに、外輪、波板、線材などの圧延設備を建設し、生産能力も一六万トンに増大した。しかし技術的には、明治時代の製鉄業は、まだまだ荊《いばら》の道を歩まねばならなかった。

民間企業の勃興

こうして広く鉄鋼業が認識されてくると、民間でもこれに手を染めるものが現われはじめた。明治二十一年に桑原謹三が海軍の築地兵器製造所の指導のもとに、鑢《やすり》用の鋼を生産し、二十九年には月島製作所で坩堝鋼が造られ、大阪でも同様な企業が二、

三、建設された。明治三十二年には住友金属工業の前身である大阪鋳鋼合資会社が設立され、翌年九月、日本鋳鋼所となり、三十四年に住友家に買収されて住友鋳鋼場となった。同所ではその当時から平炉操業をはじめている。

いっぽう、明治三十七年には小林製鋼所が創立され、翌年九月に鈴木商店に買収されて神戸製鋼所となった。また、同四十年には東北で青根、栗木両鉄山が合併して日本製鉄会社の創立をみ、北海道では北海道炭礦汽船が輪西に製鉄所を開設し、その隣には同社とイギリスのアームストロング・ヴィッカースが共同出資で日本製鋼所を建設し、そして同じ年に川崎造船所が兵庫に鋳鋼工場を建設した。つづく四十一年には長野県島内村に土橋電気製鋼所の創立をみるとともに、さらに明治も終わりの四十五年六月には、日本鋼管が年間鋼管一万トンの製造計画で創立したのである。

こうした普通鋼業界の動きに対して、特殊鋼の業界も、明治三十七年に広島鉄山を引き継いだ米子製鋼所の創立があり、つづく四十二年には従来からの雲伯鉄鋼合資会社を引き継いだ安来鉄鋼合資会社が、砂鉄銑を原料として工具用坩堝鋼の生産に着手している。

原本あとがき

　子どものころ中学の歴史の先生になりたいと思っていた。その夢がはたせなかったかわりに、サラリーマンになってどうやら生活がおちついてから、日曜日にすこしずつ歴史の本を見ることにした。そのうち鉄鋼の仕事をしている関係で、日本の歴史と鉄を結びつけて考えるようになった。こり性の私は、まず参考文献を求めて土曜の午後は神田の古本屋街をあさり歩き、ひととおり捜しつくすと、こんどは上野の図書館に通いだした。次にはゴールデンウィークや夏休みを利用して、とぼしいこづかいで各地の製鉄関係の遺跡を歩きはじめた。

　日本鉄鋼業のふるさと、出雲芸備地方には第一に出かけ、安来《やすぎ》付近から山深く金屋《かなや》子《こ》神社のある広瀬、さらに三次《みよし》、倉敷と回ったが、その他では新潟県の余川古墳、茨城県鹿島付近の製鉄遺跡、千葉県の我孫子《あびこ》製鉄遺跡、木更津《きさらづ》金鈴塚などに行った。東海道沿いは地の利を得ており、伊豆《いず》、登呂《とろ》遺跡、名古屋、垂井の南宮大社、京都、大阪、奈良と歩いた。昨年（一九六五年）、公務で和歌山市に出張したおりに、大谷古墳の馬よろいなどの出土品をくわしく調査することができたのは大きな喜びだった。

このように、各地で製鉄遺跡を見る機会に恵まれたり、鉄滓の採集ができたりし、またかずかずの出土品や伝世品を見ることができたので、そのときどきにうかがった話やデータを書きぬきしたノートが年々たまっていった。これらの記録は逐次整理し、採集した鉄滓は砥石《といし》でみがいて安物の顕微鏡で状態を比較したりもした。もっとも、その間には専門的な基礎知識がないので、古墳発掘の現場で高師小僧《たかしこぞう》を銹《さ》びた鎗《やり》とまちがえたりして、いかにも素人らしいミスをやったこともある。

鈴峯短大の向井先生には広島の宿で夜おそくまで質問し、東大の西嶋先生とは切り取った竹の棒をボーリング棒のかわりにして、我孫子駅裏山の鉄滓出土地を捜し歩いた。資源研究所の和島先生と川崎製鉄の中村さんとは、三人で鹿島の『常陸風土記』にある製鉄遺跡を、ビニール袋とシャベルを片手に回って歩いた。出雲では日立金属和鋼記念館長の住田さんに、鉄穴《かんな》流しの跡や金屋子神社に案内していただくなど、ひとかたならぬおせわになった。

また、国立東京博物館の三木先生には、しばしば貴重な出土鉄器を調査する機会を与えていただき、また考古学的な面でかずかずの助言をいただいた。そのうえ序文のご執筆までお願いし、まことに感謝にたえないしだいである。

本書は、こうした十数年にわたる調査ノートを整理したものの一部であるから、諸先生がたの書かれた書物のような学問的体系などというものはもちろんない。ただ筆者がズブの素人であるために、歴史、考古、技術、民俗など、どの分野にも遠慮気がねなく出入りして材料を寄せ集めることができた。そのため、日本文化にはたした鉄の役割、そして鉄だけがもつ庶民的文化性を浮き彫りにすることができたとしたら、なによりもさいわいだと思っている。

なお、本書出版の契機は、一昨年、著者が雑誌『金属』に寄稿した一文が、東京工業大学の桶谷先生の御著書『金属と人間の歴史』上で論評をいただいたことが発端になったものである。

最後に本書の出版についていろいろと助言を与えられ橋渡しをしてくださった石堂清俊氏と、名もない著者の原稿出版をこころよく引き受けてくださった角川書店の前編集次長下島正夫氏ならびに担当の及川武宣氏のご厚情に対し深く感謝するしだいである。

昭和四十一年三月十九日　　小田原市谷津の自宅にて

窪田蔵郎

学術文庫版あとがき

今回、小著『鉄の生活史』を文庫化し、三十七年ぶりに刊行したいとのお話を講談社からいただき、正直、はじめはちょっと逡巡しました。

アマチュアの私が鉄の歴史に興味を持ち、勉強を始めた昭和三十二年頃は、まだ、このジャンルを専門に研究なさっている方は非常に少ない状況でした。教わる先生も近くにはいらっしゃらず、参考書も神田で探した二、三冊の古書程度のものでした。したがって、物好きな男が、なんの制約もなく、拾ってきた金糞を勝手に調べていたにすぎなかったのです。

やがて、私の書いた文章が東京工業大学の故桶谷繁雄先生の目にとまり、昭和四十年に先生がお書きになられた『金属と人間の歴史』(講談社ブルーバックス)でふれられたことが機縁となり、類書がなかったこともあり、不勉強にもかかわらず、角川書店の依頼を受けて執筆したのが、本書の原本『鉄の生活史』です。

原本はこのような経緯や状況のなかで刊行されたため、今にしてみれば資料不足、調査やデータに不十分な点があったことはいなめません。これが再刊の依頼を受けた私を躊躇させた理由です。

それでも、鉄を通して日本の歴史を読むという本書のユニークな視点を評価してくれる講談社の強いお勧めと、私の処女作という思い入れから、旧著の誤字や表現のミスを訂正し、最低限ながらその後の諸先生方の業績や私自身の見聞をごく簡単に付記することで、その責を果たしたいと考えました。

『鉄の生活史』の刊行から四十年近い歳月が流れ、「鉄の歴史」は、歴史学、考古学、民俗学、理工学など、多岐な分野の研究者の方々から注目されるようになり、広島大学には「たたら研究会」（現会長・潮見浩名誉教授）が結成されました。

鉄をめぐる学問は、発掘や文献の解読、そして科学的機器類を駆使しての研究によって長足の進歩を遂げ、そして現在も成果をあげつづけています。それにしても、五十年近く鉄とつきあってきた私ですが、いまだに十分な理解ができたとはいえず、鉄とはじつに得体のしれない難しいものだと痛感しています。

原本発刊のおり、当時四十歳前の私に、序文をお書きくださった三木文雄先生が矍鑠としてご健在で、本書を再びご覧いただけることは喜びにたえません。また、原本の上梓が契機となり、まったくの素人にもかかわらず、上智大学教授のR・バロン神父の親切な肝煎りで、フランス・ポンタムソンでのシンポジウムに出席でき、そのうえスミソニアン技術博物館館長のB・ヒンデル博士のチェアマンで講演することができたのは、なによりの喜びでした。

最後に、年で熱鏊上《ねつごうじょう》 螻蟻《のろうぎ》の筆者を、なにくれとなく気遣い手伝ってくださった、金属博物館の学芸員野崎準氏に厚く御礼申し上げます。また、文庫化にあたって御配慮を賜りました、講談社学術文庫出版部の稲吉稔氏に深く感謝の意を表します。

五十年来《ごじゅうねんらい》探鉄郷《てつきょうをたずね》
東奔西走《とうほんせいそう》倦跋渉《ばっしょうにうむ》
眼前親見《がんぜんしたしくみる》赫梯丘《ヒッタイトのおか》
愛琴夕陽《エーゲのゆうひ》更西照《さらににしをてらす》

二〇〇三年二月十日

窪田蔵郎

KODANSHA

本書の原本『鉄の生活史』は、一九六六年五月、角川書店より刊行されました。

窪田蔵郎（くぼた　くらお）

1926～2011年。明治大学専門部法科卒業。日本鉄鋼連盟に勤務するかたわら，鉄に関する歴史・民俗等の調査を行った。たたら研究会会員。著書に『鉄の考古学』『製鉄遺跡』『鉄の文化』『日本の鉄』『鉄の民俗史』『鉄の文明史』『シルクロード鉄物語』『鉄のシルクロード』など多数。

講談社学術文庫

定価はカバーに表示してあります。

鉄《てつ》から読《よ》む日本《にほん》の歴史《れきし》

窪《くぼ》田《た》蔵《くら》郎《お》

2003年 3 月10日　第 1 刷発行
2023年 6 月27日　第16刷発行

発行者　鈴木章一
発行所　株式会社講談社
東京都文京区音羽 2-12-21 〒112-8001
電話　編集（03）5395-3512
販売（03）5395-4415
業務（03）5395-3615

装　幀　蟹江征治
印　刷　株式会社広済堂ネクスト
製　本　株式会社国宝社

ISBN4-06-159588-1

「講談社学術文庫」の刊行に当たって

これは、学術をポケットに入れることをモットーとして生まれた文庫である。学術は少年の心を養い、成年の心を満たす。その学術がポケットにはいる形で、万人のものになることは、生涯教育をうたう現代の理想である。

こうした考え方は、学術を巨大な城のように見る世間の常識に反するかもしれない。また、一部の人たちからは、学術の権威をおとすものと非難されるかもしれない。しかし、それはいずれも学術の新しい在り方を解しないものといわざるをえない。

学術は、まず魔術への挑戦から始まった。やがて、いわゆる常識をつぎつぎに改めていった。学術の権威は、幾百年、幾千年にわたる、苦しい戦いの成果である。こうしてきずきあげられた城が、一見して近づきがたいものにうつるのは、そのためである。しかし、学術の権威を、その形の上だけで判断してはならない。その生成のあとをかえりみれば、その根は常に人々の生活の中にあった。学術が大きな力たりうるのはそのためであって、生活をはなれた学術は、どこにもない。

開かれた社会といわれる現代にとって、これはまったく自明である。生活と学術との間に、もし距離があるとすれば、何をおいてもこれを埋めねばならない。もしこの距離が形の上の迷信からきているとすれば、その迷信をうち破らねばならぬ。

学術文庫は、内外の迷信を打破し、学術のために新しい天地をひらく意図をもって生まれた。文庫という小さい形と、学術という壮大な城とが、完全に両立するためには、なおいくらかの時を必要とするであろう。しかし、学術をポケットにした社会が、人間の生活にとってより豊かな社会であることは、たしかである。そうした社会の実現のために、文庫の世界に新しいジャンルを加えることができれば幸いである。

一九七六年六月

野間省一